中国低碳电力发展政策回顾与展望

——中国电力减排研究

2020

王志轩　张建宇　潘荔　等/编著

中国环境出版集团·北京

图书在版编目（CIP）数据

中国低碳电力发展政策回顾与展望 : 中国电力减排研究. 2020 / 王志轩等编著. -- 北京 : 中国环境出版集团, 2021.7
ISBN 978-7-5111-4728-8

Ⅰ. ①中… Ⅱ. ①王… Ⅲ. ①电力工业－节能－研究－中国－2020 Ⅳ. ①TM62

中国版本图书馆CIP数据核字(2021)第094188号

出 版 人 武德凯
责任编辑 黄 颖
责任校对 任 丽
装帧设计 宋 瑞

出版发行 中国环境出版集团
（100062 北京市东城区广渠门内大街 16 号）
网 址：http：//www.cesp.com.cn
电子邮箱：bjgl@cesp.com.cn
联系电话：010-67112765（编辑管理部）
010-67147349（第四分社）
发行热线：010-67125803，010-67113405（传真）
印装质量热线：010-67113404
印 刷 北京中科印刷有限公司
经 销 各地新华书店
版 次 2021 年 7 月第 1 版
印 次 2021 年 7 月第 1 次印刷
开 本 787×1092 1/16
印 张 8
字 数 140 千字
定 价 48.00 元

本书编写组

王志轩　张建宇　潘　荔　张晶杰
杨　帆　王　昊　赵小鹭　秦　虎

项目合作单位

中国电力企业联合会
美国环保协会

中国电力减排研究

2020

《中国低碳电力发展政策回顾与展望——中国电力减排研究2020》是中国电力企业联合会（以下简称“中电联”）与美国环保协会北京代表处长期合作研究项目的主要成果之一，是连续出版的第14本年度报告。按以往惯例，本书分为三部分：第一部分反映最新的中国电力发展概况及绿色发展情况；第二部分、第三部分以“低碳政策”为主题，在系统、全面梳理中国低碳电力发展政策的基础上，对“十四五”低碳电力发展趋势和主要任务进行展望，并提出政策建议。

应对气候变化、能源低碳转型已是国际共识和全球趋势。中国政府高度重视，积极参与并付诸行动，在全球应对气候变化中的作用和影响力持续加大。电力行业是落实应对气候变化国家战略目标和实现能源低碳转型的重要领域。在各项低碳政策的引导和约束下，通过提高非化石能源发电比重、提升能效水平、推进发电行业碳排放权交易市场建设等途径，有效地减缓电力温室气体快速增长，成为支撑中国低碳目标落实的重要力量。习近平主席在2020年9月22日的第七十五届联合国大会一般性辩论中和2020年12月12日的气候雄心峰会上，向全世界宣布了中国新的国家自主贡献承诺，再次彰显了中国应对气候变化的雄心和信心，标志着中国全面开启了应对气候变化新征程。

从中国低碳电力发展历程来看，政策驱动是重要的推动因素，综观世界各国低碳发展路径也呈现出相同特征。本书以政策为主线，梳理回顾了中国低碳政策情况、总结了经验教训；同时，结合国际国内最新低碳发展形势和政策预期，重点对“十四五”时期中国低碳发展的基本趋势、发展目标和主要任务进行分析，对电力行业落实碳达峰、碳中和目标具有现实意义和参考价值。

本书由中电联和美国环保协会北京代表处共同编写。由于时间仓促，且中国低碳电力发展相关政策不断更新、变化，文中不当及疏漏之处，敬请读者提出宝贵意见。

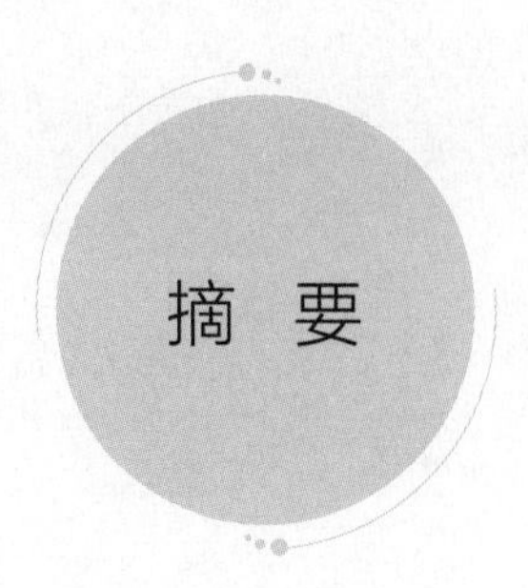

《中国低碳电力发展政策回顾与展望——中国电力减排研究2020》反映了最新的中国电力发展水平和电力绿色发展情况；回顾了全球主要低碳电力政策，评估了中国低碳电力政策成效；在分析影响中国低碳电力发展关键因素的基础上，对“十四五”中国低碳发展进行了展望；提出促进中国低碳电力发展的政策建议。本书内容分为三部分：

第一部分主要反映了2019年中国电力发展水平和绿色发展情况及2020年的电力发展概况。根据中电联《中国电力行业年度发展报告2020》，截至2019年年底，中国全口径发电装机容量为201 006万千瓦，同比增长5.8%。其中，水电35 804万千瓦，同比增长1.5%；火电118 957万千瓦，同比增长4.0%（煤电104 063万千瓦，同比增长3.2%）；核电4 874万千瓦，同比增长9.1%；并网风电20 915万千瓦，同比增长13.5%；并网太阳能发电20 418万千瓦，同比增长17.1%。2019年，中国全口径发电量为73 269亿千瓦时，同比增长4.7%。其中，水电13 021亿千瓦时，同比增长5.7%；火电50 465亿千瓦时，同比增长2.5%（煤电45 538亿千瓦时，同比增长1.6%）；核电3 487亿千瓦时，同比增长18.2%；并网风电4 053亿千瓦时，同比增长10.8%；并网太阳能发电2 240亿千瓦时，同比增长26.6%。截至2019年年底，中国全口径非化石能源发电装机容量84 410万千瓦，同比增长8.8%，占总装机容量的42.0%。2019年，非化石能源发电量23 930亿千瓦时，同比增长10.6%，占总发电量的32.7%。2019年，中国6 000 千瓦及以上火电厂供电标准煤耗约为306.4克/千瓦时，比上年降低1.2克/千瓦时；线损率为5.93%，比上年下降0.34个百分点；中国火电厂单位发电量耗水量约为1.21千克/千瓦时，比上年降低0.02千克/千瓦时。2019年，电力烟尘排放总量约为18万吨，单位火电发电量烟尘排放量约为0.038克/千瓦时；电力二氧化硫排放量约为89万吨，单位火电发电量二氧化硫排放量约为0.187克/千瓦时；电力氮氧化物排放量约为93万吨，单位火电发电量氮氧化物排放量约为0.195克/千瓦时；单位火电发电量废水排放量约为54克/千瓦时；单位火电发电量二氧化碳排放量约为838克/千瓦时，单位发电量二氧化碳排放量约为577克/千瓦时。

第二部分回顾了国际国内主要低碳电力政策。在国际应对气候变化政策方面，分析了《联合国气候变化框架公约》下《联合国气候变化框架公约的京都议定书》（以下简称《京都议定书》）、《巴黎气候变化协定》（以下简称《巴黎协定》）等应对气候变化重要政策的发展脉络。从国际上看，欧盟历来重视应对气候变化的规则制定和实施，在气候立法、减排目标、能源低碳转型、减排路径、低碳投资等方面进行了全面规定。欧盟碳市场制度是重要政策机制，已经历四个发展阶段，积累了丰富经验，各项制度机制不断完善，为通过市场机制实现低成本减碳奠定了基础。美国各届政府在应对气候变化问题上态度存在较大变动，气候政策几经调整；但在美国州政府层面，一些关键州和城市依然在推行积极的应对气候变化政策，其中碳市场是主要政策机制，如“区域温室气体行动”“西部气候倡议”和“加州碳市场”制度等。中国政府始终高度重视应对气候变化工作，在2020年全球抗击新冠肺炎的形势下，国家主席习近平在多个重要国际会议场合上明确提出中国“二氧化碳排放力争于2030年前达到峰值，努力争取2060年前实现碳中和”“到2030年，中国单位国内生产总值二氧化碳排放将比2005年下降65%以上，非化石能源占一次能源消费比重将达到25%左右，森林蓄积量将比2005年增加60亿立方米，风电、太阳能发电总装机容量将达到12亿千瓦以上”。在中国共产党十九届五中全会上通过的《中共中央关于制定国民经济和社会发展第十四个五年规划和二〇三五年远景目标的建议》中提出了“支持有条件的地方率先达到碳排放峰值，制定二〇三〇年前碳排放达峰行动方案”“碳排放达峰后稳中有降”。在2020年中央经济工作会议上提出“要抓紧制定2030年前碳排放达峰行动方案，支持有条件的地方率先达峰”等。

中国政府多年来在能源电力结构调整、推动低碳技术创新与产业发展、提升低碳能力建设与管理水平等方面出台了300余项不同法律层级的政策文件。以低碳政策为引导和约束，电力为经济社会低碳转型提供了基本动力、电力低碳技术的发展为促进高质量发展发挥了支撑性作用。全国碳排放权交易市场建设有序推进。2020年年底，中国生态环境部发布了《碳排放权交易管理办法（试行）》《2019—2020年全国碳排放权交易配额总量设定与分配实施方案（发电行业）》等。

第三部分在分析影响低碳电力发展关键影响因素的基础上，对“十四五”中国低碳发展趋势及主要任务进行展望。“十四五”时期，我国经济长期向好的基本面没有改变，要素投入、结构优化和制度变革将对我国经济发展长期持续稳定起到积极的支撑作用；提高电气化水平已成为时代发展的大趋势，是能源清洁低碳转型的必然要求；多重因素推动下，中国电力需求在较长时间内还将处于增长期；未来可再生能源将作为能源电力增量的主体，清洁能源发电装机与发电量占比持续提高；风电、光伏发电等新能源保持快速、有序发展，实现集约、高效开发；严格限制煤电发展，煤电的功能定位向托底保供和电力调节型电源转变。中国电力低碳转型需要在为实现碳达峰与碳中和目标提供支撑、推动可再生能源快速有序发展、提高电力系统灵活调节能力、发挥碳市场低成本减碳效用等方面做好工作。最后，本书提出了促进中国低碳电力发展政策建议：一是以碳减排统领完善电力节能减排各项政策；二是科学制定规划并发挥引导约束作用；三是多措并举促进新能源发电有效消纳；四是以低碳标准为引领，加强电力与相关领域以及电力系统自身各环节协调统筹；五是加快新电气化发展，推动能源电力清洁低碳转型；六是同步推进电力市场化改革和碳市场建设。

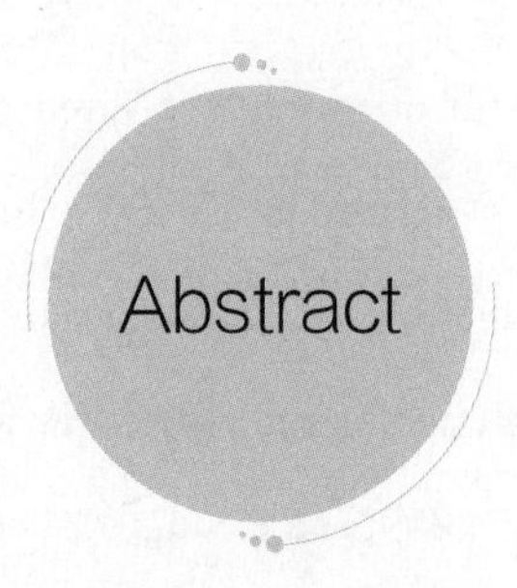

The "Review and Outlook of Low-Carbon Development Policies for China's Power Sector—China's Power Industry Emissions Reduction Report 2020" (referred to as "the Report" hereinafter) examined the current status of China's power sector and overviewed its progress on green development. Specifically, the Report reviewed low-carbon power sector policies both in China and internationally, evaluated policy outcomes in the Chinese power sector's low-carbon development, made predictions for China's low-carbon development during the 14th Five-Year Plan (FYP) period based on an analysis of key trends, and in turn proposed policy suggestions to promote further low-carbon development of China's power sector. The Report is divided into the following three sections:

The first section reviewed both general and environmentally focused developments seen in China's power sector in 2019, as well as the overall state of China's power sector in 2020. According to the China Electricity Council (CEC)'s "China Power Sector Development Annual Report 2020", by the end of 2019, China's total installed power generation capacity reached 2 010.06 GW, increasing 5.8% compared to 2018. Among this total increase, China's hydropower capacity reached 358.04 GW, increasing 1.5% compared to 2018; thermal power capacity reached 1 189.57 GW, increasing 4.0% (which includes 1 040.63 GW from coal-fired power, an increase of 3.2%); nuclear power capacity reached 48.74 GW, increasing 9.1%; on-grid wind power reached 209.15 GW, increasing 13.5%; and on-grid solar power reached 204.18 GW, increasing 17.1%. China's electricity generation total for 2019 was 7 326.9 TW・h, increasing 4.7% since 2018. More specifically, hydropower generated 1 302.1 TW・h of electricity in 2019, increasing 5.7% year-on-year; thermal power sources generated

5 046.5 TW · h, increasing 2.5% (of this total, coal-fired power generated 4 553.8 TW · h, increasing 1.6%), nuclear power generated 348.7 TW · h, increasing 18.2%; on-grid wind power generated 405.3 TW · h, increasing 10.8%; and on-grid solar power generated 224 TW · h, increasing 26.6%. China's power generation capacity from non-fossil fuel sources reached 844.1 GW by the end of 2019, increasing 8.8% year-on-year and accounting for 42.0% of China's total power generating capacity. Electricity generation from non-fossil fuel sources reached 2 393 TW · h altogether, increasing 10.6% year-on-year and accounting for 32.7% of China's total power generation in 2019. For thermal power plants with generation capacities of over 6 000 kW, the standard coal equivalent consumption rate per unit of power supply was 306.4 g/(kW · h) in 2019, decreasing 1.2 g/(kW · h) from 2018; the transmission line loss rate was 5.93%, decreasing 0.34% year-on-year, and the average water consumption rate per unit of generated power for China's thermal power plants was 1.21 kg/(kW · h), decreasing 0.02 kg/(kW · h) year-on-year. The total soot emissions from China's power sector was 180 000 tons in 2019, while the sector's soot emissions intensity per unit of generated power was 0.038 g/(kW · h) in 2019. Additionally, China's total SO_2 emissions from the power sector was an estimated 890 000 tons, with an emissions intensity per unit of generated power of 0.187g/(kW · h), while the sector's total NO_x emissions was an estimated 930 000 tons, with an emissions intensity per unit of generated power of 0.195 g/(kW · h). Thermal power's wastewater emissions rate per unit of generated power was 54 g/(kW · h), while thermal power's CO_2 emissions intensity per unit of generated power was 838 g/(kW · h); the overall power sector's CO_2 emissions intensity was 577g/(kW · h).

The second section introduced major international and Chinese policies on low carbon development for the power sector. Specifically, the Report analyzed key global policies for addressing climate change, such as the Kyoto Protocol and the Paris Agreement under the United Nations Framework Convention on Climate Change (UNFCCC), and analyzed climate actions from an international perspective. For example, the European Union (EU) has been a leader in establishing and implementing policies to address climate change. The EU's comprehensive approach to address climate change includes drawing upon climate legislation, setting Greenhouse Gas (GHG) reduction goals, advancing the power sector's low carbon transition, developing emission reductions roadmaps, and promoting low carbon investment. Furthermore, the EU's emissions trading system (ETS) is one of the most prominent policy tools worldwide in addressing climate change. It has gone through three development phases and accumulated rich experience in its years of operation and constant improvement, setting a strong foundation for reducing carbon emissions at a minimized cost. While the United States' federal action towards climate change fluctuates dramatically in different administrations, some key states and cities are still proactively promoting climate policies at the local level, and their sub-national ETS programs are also important policy mechanisms. Examples include the northeast region's Regional Greenhouse Gas Initiative (RGGI) and California's Cap-and-Trade Program. Similarly, the Chinese government has consistently emphasized addressing climate change. Even amidst the COVID-19 pandemic in 2020, Chinese President Xi Jinping announced the ambitious goal to have China peak its CO_2 emissions before 2030 and try to realize carbon neutrality before 2060, which he reiterated at multiple high-profile international events. In addition, President Xi Jinping put forward stronger 2030 goals for China's newly proposed nationally-determined contribution (NDC), including to reduce its CO_2 emissions intensity per unit of GDP by 65% from its 2005 level by 2030, to have non-fossil fuel sources account for 25% of China's primary energy consumption, to increase China's forest stock by 6 billion cubic meters compared to 2005's level, and to have wind and solar's installed power generation capacity reach above 1.2 TW · h. The Central Committee of the Communist Party of China's proposals for the formulation of the "14th Five-Year Plan (2021—2025) for National Economic and Social Development and the Long-Range Objectives Through the Year 2035", which was approved during the Fifth Plenary Session of the 19th Central Committee of the Communist Party of China, proposed to support early CO_2 emissions peaking for regions with permitting conditions, to set up 2030 carbon emissions peaking action plans, and to achieve a steady reduction in carbon emissions after their peaking. These key messages were also re-emphasized in the 2020 Central Economic Work Conference.

Furthermore, the Chinese government has issued over 300 policy documents at different levels of legislation concerning areas such as restructuring the power and energy sectors, promoting low carbon technology innovation and industrial development, and enhancing low carbon capacity building and management practices. With the guidance of low carbon policies, the power sector can enable low carbon transitions for the rest of the economy and greater society. The power sector's low carbon development will also be pivotal in achieving China's carbon peaking and carbon neutrality goals. To this end, China's national ETS has advanced smoothly, with a series of supporting documents released in late 2020 including the "Measures for the Administration of National Carbon Emission Trading (Trial)" and the "2019—2020 Implementation Plan for National Carbon Emission Trading Total Allowances Setting and Allocation (Power Generation Industry)".

Based on an analysis of key factors affecting the power sector's low-carbon development, the third section overviewed trends in China's low-carbon development and the major relevant tasks ahead in the 14th FYP. During the 14th FYP period, China's long-term path of strong economic growth will remain stable, while investment, economic structure optimization, and systemic reform will play a positive role in reinforcing this trajectory. In addition, electrification has become a major development trend in China, which is a necessary step in achieving energy's clean and low carbon development. Given the effects of multiple development factors, China's demand for power is projected to see a long period of sustained growth, while renewable energy will become a major force for energy development in China. In the process, China's clean energy production capacity and clean energy's proportion of generated power will continually increase; wind and solar power will maintain their rapid development trajectories while becoming more concentrated and efficient; coal-fired power development will be strictly limited; and coal-fired power shall transition to a role acting as a backup power supply and a flexible source of power during times of increased demand. While the power sector's low carbon transition will support China's carbon peaking and neutrality goals, China needs to promote stable development of renewable energy, improve the power system's flexibility, and leverage its ETS to realize an effective, low-cost reduction in carbon emissions. Finally, this report proposes six suggestions for promoting the power sector's low-carbon development: first, to consider reducing carbon emissions as a guiding principle for the entire power sector's energy conservation and pollutant reduction policies; second, to scientifically formulate plans and use them as binding requirements; third, to establish comprehensive measures in promoting effective integration of renewable energy; fourth, to ensure the power sector's low carbon standards both lead and strengthen coordination between the power sector and other related sectors, as well as the power system's internal coordination efforts; fifth, to promote electrification and the electricity sector's low carbon transition; and sixth, to synchronize power market reform with the ETS's construction.

contents
目录

目 录

第三部分　中国低碳电力发展展望及政策建议　071

第一部分

中国电力发展概况及绿色发展情况

1 中国电力发展概况

2020年是中国全面建成小康社会的收官之年，也是推进落实生态环境“十三五”规划目标并取得污染防治攻坚战阶段性胜利的关键之年。电力行业积极抗击突如其来的新冠肺炎疫情的同时，有效落实“四个革命、一个合作”能源发展新战略，进一步提高了非化石能源发电比重、提升了化石能源清洁化水平、增加了电力系统灵活性等，为经济社会发展和能源清洁低碳转型做出了积极贡献。

1.1 电力生产与消费

1.1.1 电力生产

（1）装机容量

根据中国电力企业联合会（以下简称中电联）《2020年全国电力工业统计快报》（以下简称统计快报）[1]，截至2020年年底，中国发电装机容量达到220 058万千瓦，同比增长9.5%。其中，水电37 016万千瓦，同比增长3.4%（包括抽水蓄能3 149万千瓦，同比增长4.0%）；火电124 517万千瓦，同比增长4.7%（包括燃煤发电107 992万千瓦，同比增长3.8%；燃气发电9 802万千瓦，同比增长8.6%）；核电4 989万千瓦，同比增长2.4%；并网风电28 153万千瓦，同比增长34.6%；并网太阳能发电25 343万千瓦，同比增长24.1%。

---

[1] （1）中电联发布的统计数据分为统计快报数据和统计年报数据。统计年报数据比统计快报数据发布较晚，个别数据可能略微调整，以统计年报数据为最终数据。本报告中，2020年数据均为统计快报数据，2019年数据均为统计年报数据，下同。（2）统计数据范围包括全国31个省（自治区、直辖市），不包括香港特别行政区、澳门特别行政区和台湾省；部分数据因四舍五入的原因，存在总计与分项合计不等的情况，下同。

根据中电联《中国电力行业年度发展报告2020》（以下简称统计年报），截至2019年年底，中国全口径发电装机容量为201 006万千瓦，同比增长5.8%。其中，水电35 804万千瓦，同比增长1.5%（包括抽水蓄能3 029万千瓦，同比增长1.0%）；火电118 957万千瓦，同比增长4.0%（包括煤电104 063万千瓦，同比增长3.2%；气电9 024万千瓦，同比增长7.7%）；核电4 874万千瓦，同比增长9.1%；风电20 915万千瓦，同比增长13.5%；并网太阳能发电20 418万千瓦，同比增长17.1%。中国人均装机容量为1.44千瓦/人，比上年增加0.08千瓦/人。

2001—2020年中国发电装机容量及其增长率见图1–1；2010—2020年中国各类型发电装机容量占比见图1–2；2001—2019年中国人均装机容量变化见图1–3。

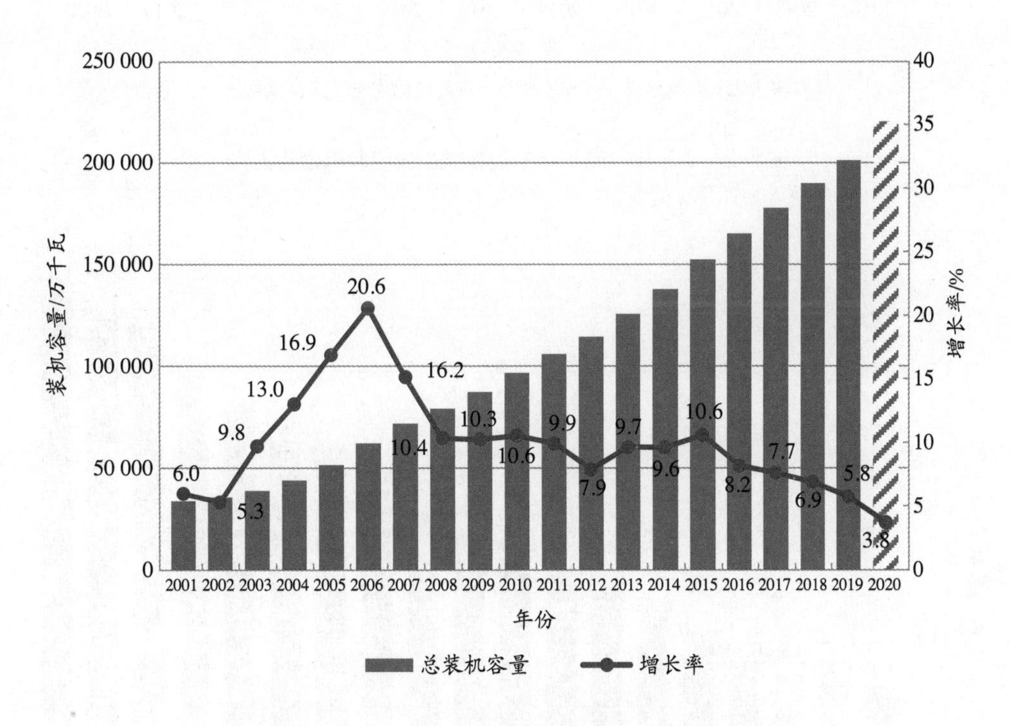

图1–1　2001—2020年中国发电装机容量及其增长率

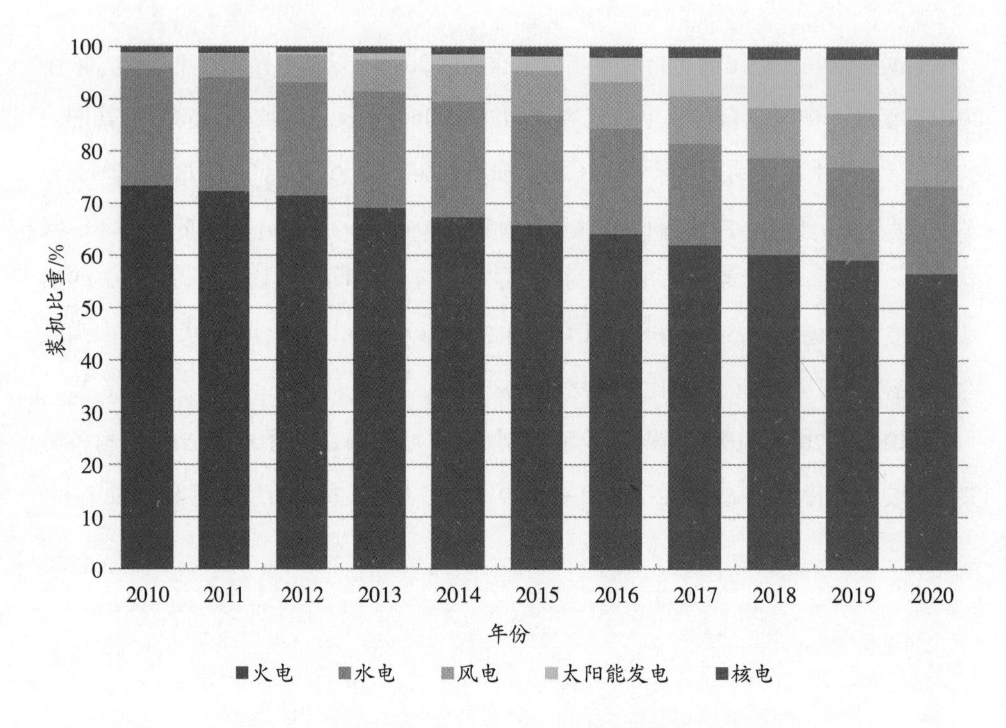

图1-2　2010—2020年中国各类型发电装机容量占比

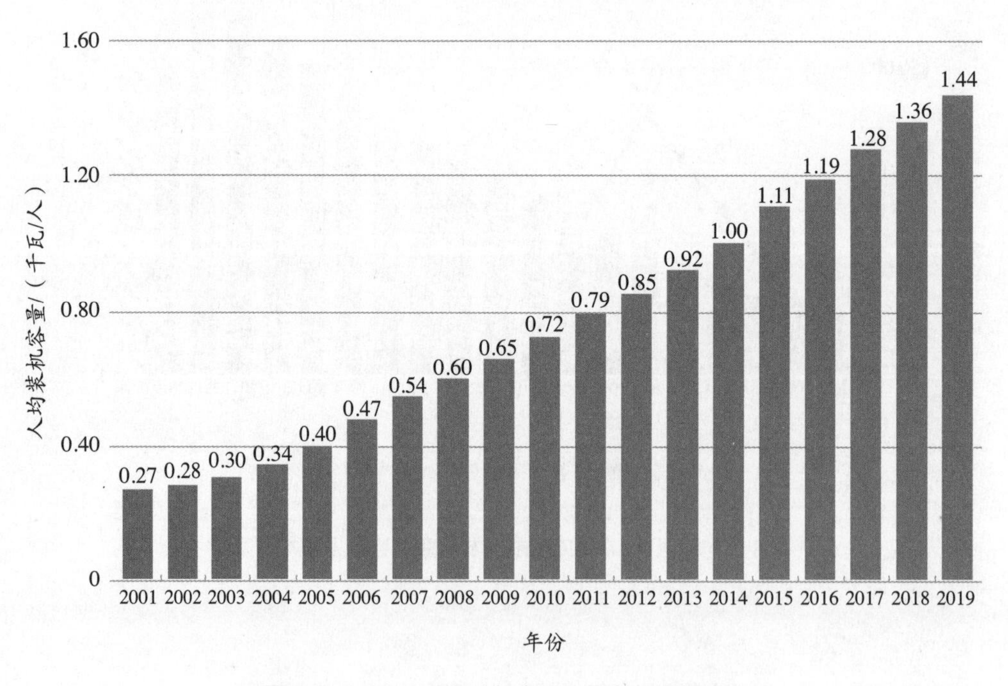

图1-3　2001—2019年中国人均装机容量变化

（2）发电量

根据统计快报，2020年，中国全口径发电量为76 236亿千瓦时，同比增长4.0%。其中，水电13 552亿千瓦时，同比增长4.1%（包括抽水蓄能334亿千瓦时，同比增长4.8%）；火电51 743亿千瓦时，同比增长2.5%（包括煤电46 316亿千瓦时，同比增长1.7%；气电2 485亿千瓦时，同比增长6.9%）；核电3 662亿千瓦时，同比增长5.0%；并网风电4 665亿千瓦时，同比增长15.1%；并网太阳能2 611亿千瓦时，同比增长16.6%。

根据统计年报，2019年，中国全口径发电量为73 269亿千瓦时，同比增长4.7%，增速比上年降低3.6个百分点。其中，水电13 021亿千瓦时，同比增长5.7%（包括抽水蓄能319亿千瓦时，同比减少3.0%）；火电50 465亿千瓦时，同比增长2.5%（包括煤电45 538亿千瓦时，同比增长1.6%；气电2 325亿千瓦时，同比增长7.9%）；核电3 487亿千瓦时，同比增长18.2%；并网风电4 053亿千瓦时，同比增长10.8%；并网太阳能发电2 240亿千瓦时，同比增长26.6%。中国人均发电量为5 242千瓦时/人，比上年增加229千瓦时/人。

2001—2020年中国发电量及其增长率见图1–4；2010—2020年中国各类型发电量占比见图1–5；2001—2019年中国人均发电量变化见图1–6。

1.1.2 电力消费

根据统计快报，2020年，中国全社会用电量为75 110亿千瓦时，同比增长3.1%。分产业看[2]，第一产业用电量859亿千瓦时，同比增长10.2%；第二产业用电量51 215亿千瓦时，同比增长2.5%；第三产业用电量12 087亿千瓦时，同比增长1.9%；城乡居民生活用电量10 950亿千瓦时，同比增长6.9%。

[2] 从2018年5月开始，三次产业划分按照《国家统计局关于修订〈三次产业划分规定（2012）〉的通知》（国统设管〔2018〕74号）调整，为保证数据可比，本书对同期数据根据新标准重新进行了分类整理。

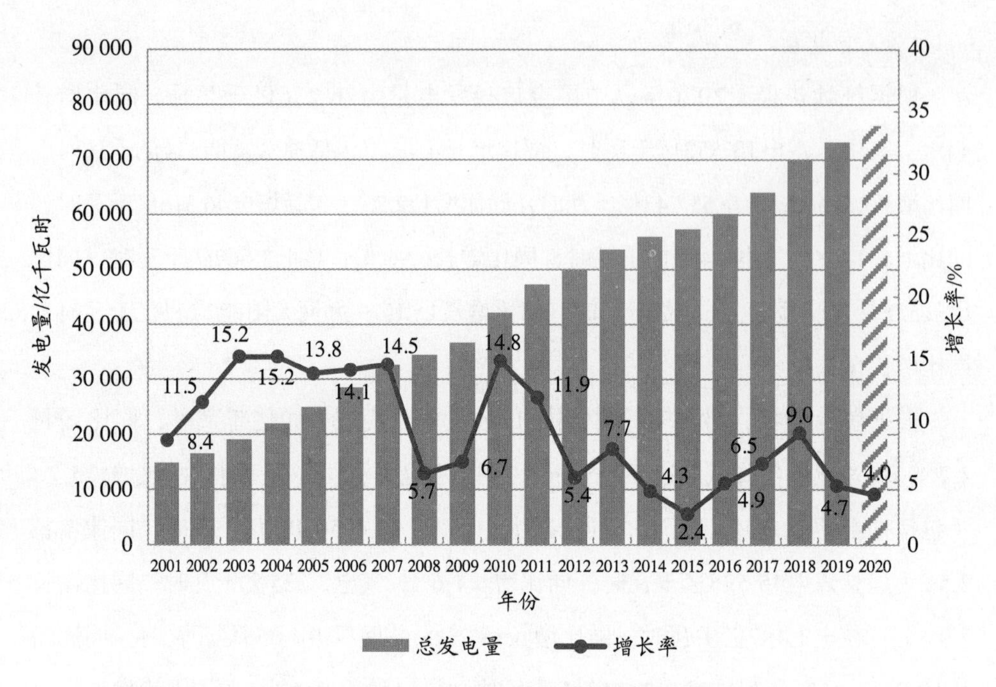

图1-4 2001—2020年中国发电量及其增长率

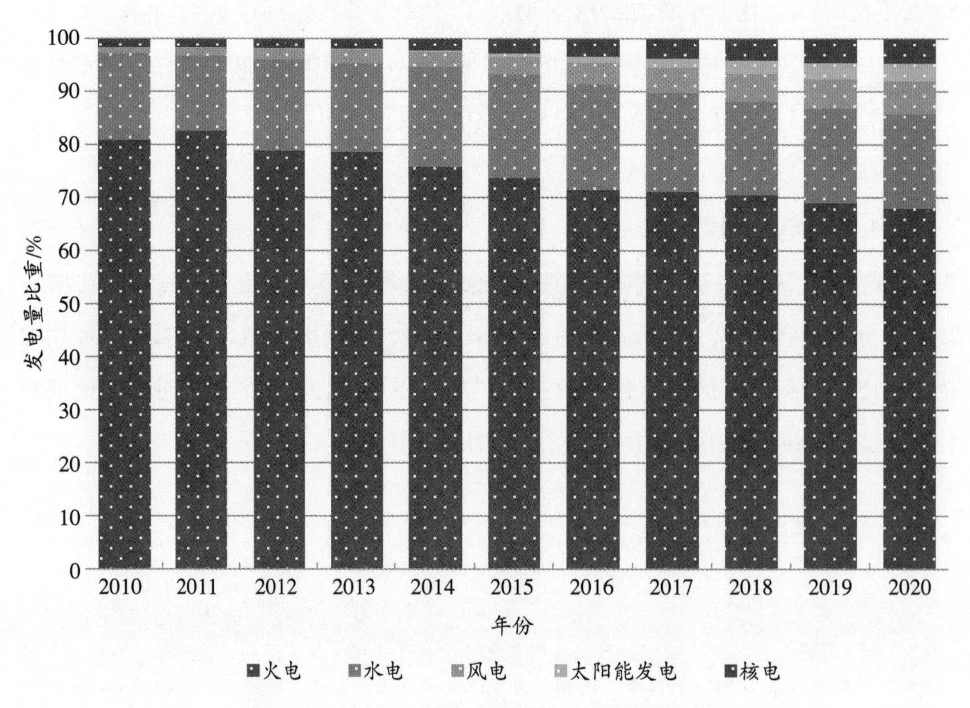

图1-5 2010—2020年中国各类型发电量占比

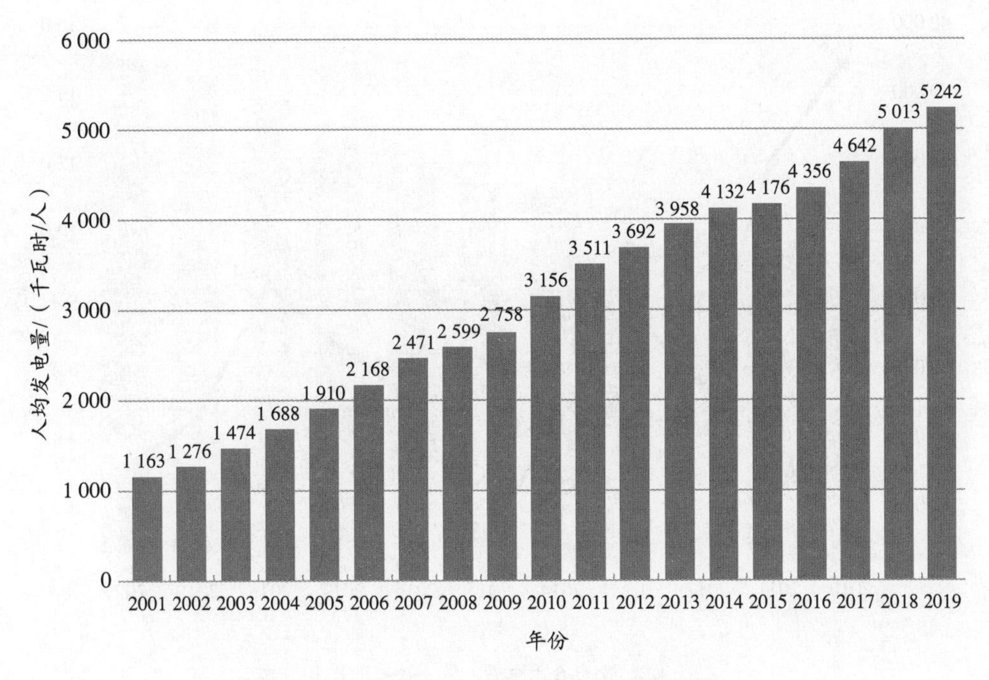

图1-6　2001—2019年中国人均发电量变化

根据统计年报，受宏观经济运行稳中趋缓、上年用电量增速基数偏高、夏季气温比上年偏低和冬季气温比上年偏高等因素的综合影响，全社会用电量实现稳定增长。2019年，中国全社会用电量为72 486亿千瓦时，比上年增长4.4%，增速比上年下降4.0个百分点。电力消费结构持续优化，第一产业、第二产业、第三产业和城乡居民生活用电量占全社会用电量的比重分别为1.1%、68.4%、16.4%和14.1%；与上年相比，第三产业和城乡居民生活用电量占比分别提高0.7个百分点和0.1个百分点，第二产业用电量占比降低0.8个百分点。中国人均用电量、人均生活用电量分别为5 186千瓦时/人和733千瓦时/人，较上年分别增加241千瓦时/人和38千瓦时/人。

2010—2020年中国全社会用电量及其增长率见图1-7；2019年和2020年中国电力消费结构见图1-8；2001—2019年中国人均用电量和人均生活用电量变化见图1-9。

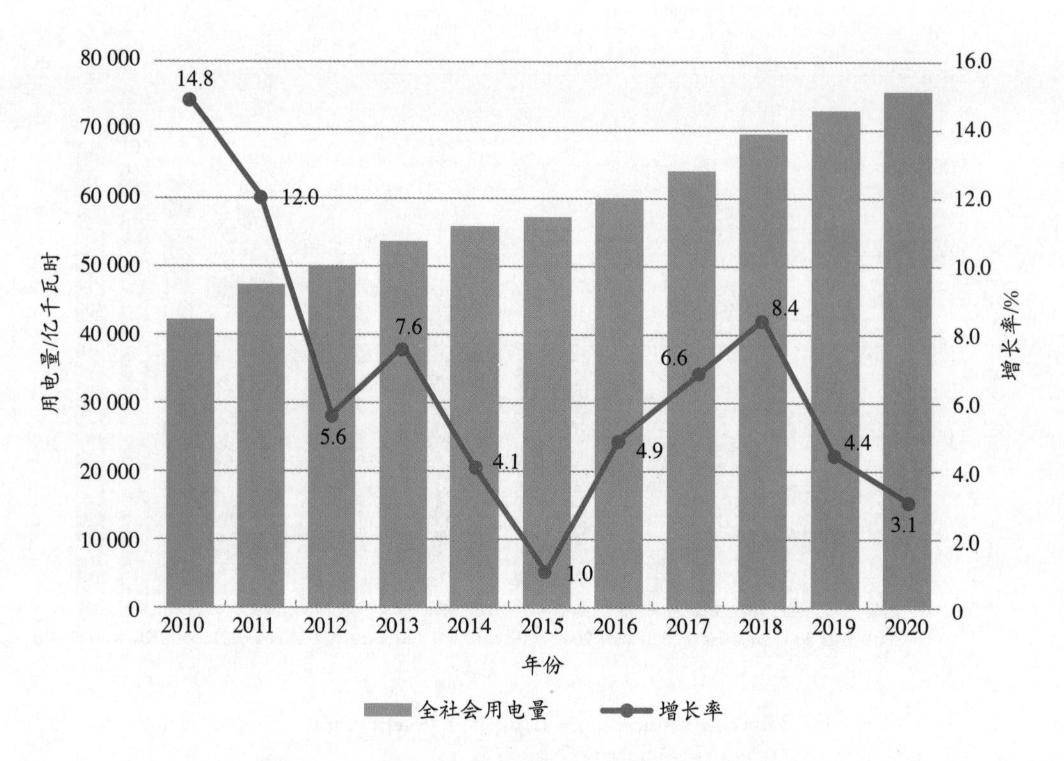

图1-7　2010—2020年中国全社会用电量及其增长率

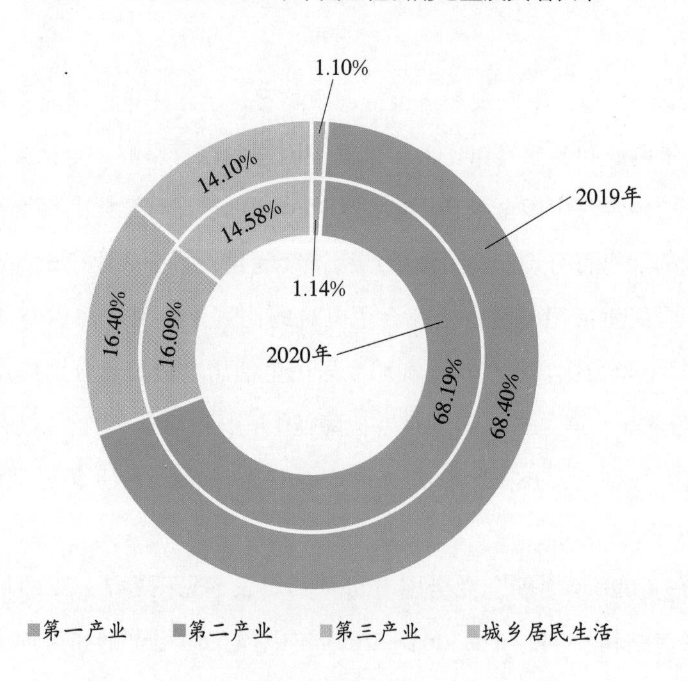

图1-8　2019年和2020年中国电力消费结构

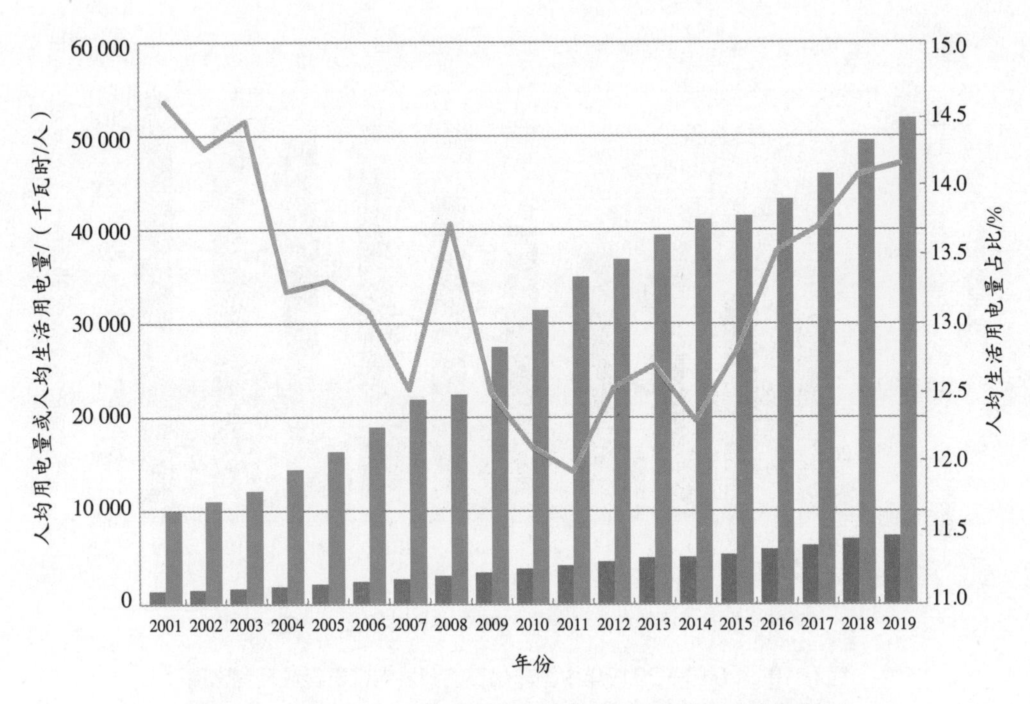

图1-9　2001—2019年中国人均用电量和人均生活用电量变化

1.2　电力结构

1.2.1　非化石能源发电

根据统计年报，截至2019年年底，中国全口径非化石能源发电装机容量为84 410万千瓦，同比增长8.8%，占总装机容量的42.0%，比重较上年提高1.2个百分点。2019年，非化石能源发电量23 930亿千瓦时，同比增长10.6%，占总发电量的32.7%，比重较上年提高1.7个百分点。

2010—2019年中国非化石能源发电装机容量及其比重见图1-10；2010—2019年中国非化石能源发电量及其比重见图1-11。

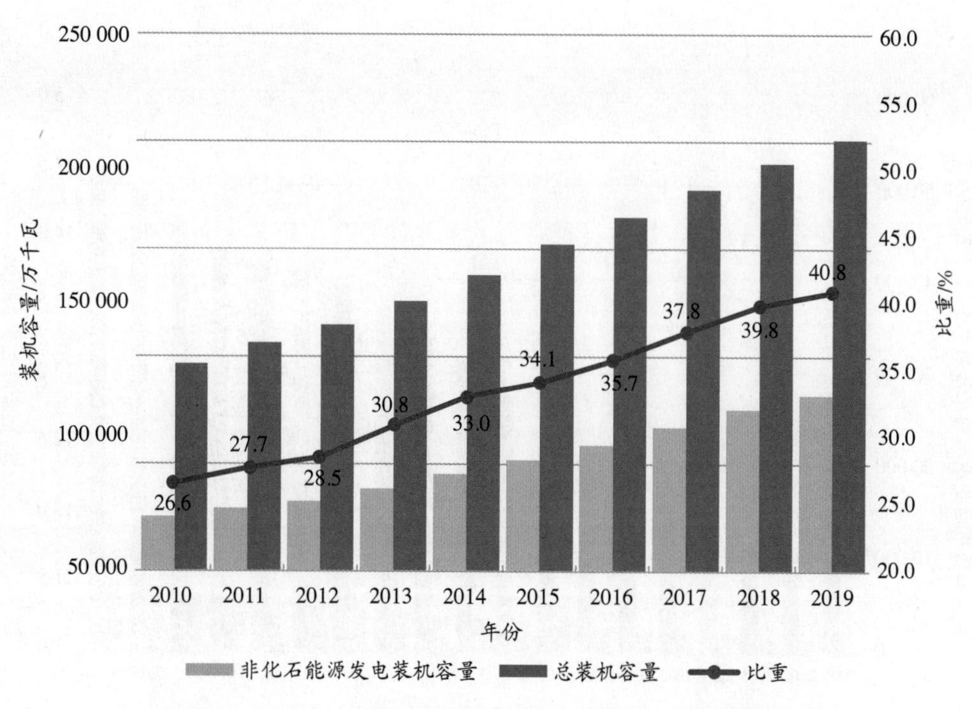

图1-10　2010—2019年中国非化石能源发电装机容量及其比重

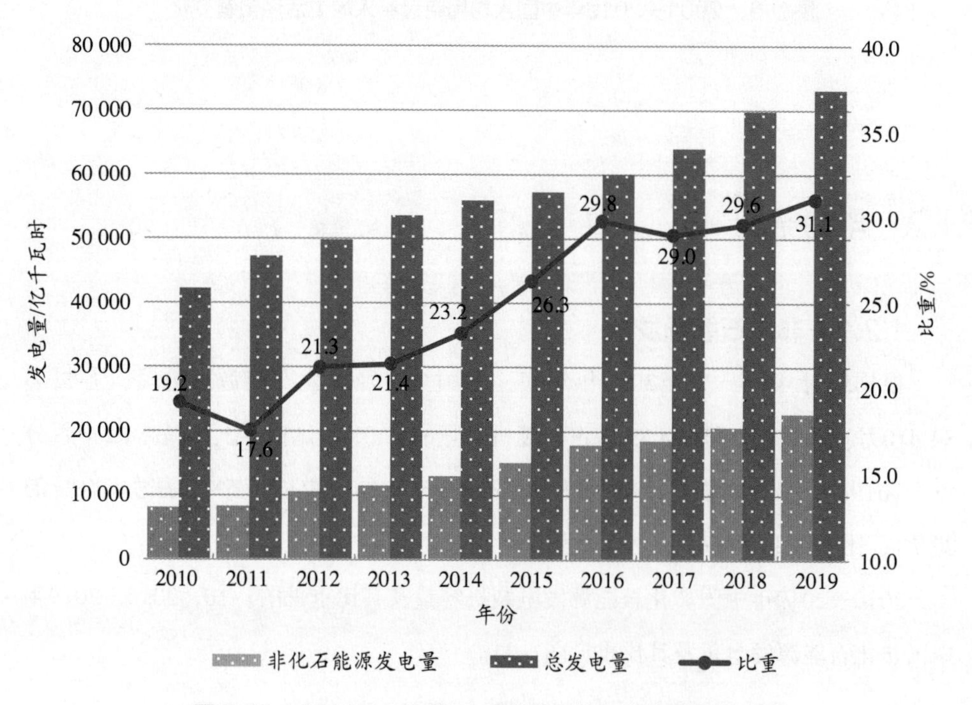

图1-11　2010—2019年中国非化石能源发电量及其比重

1.2.2 火力发电

根据统计快报，截至2020年年底，中国火电装机容量为124 517万千瓦，占全国总装机容量的56.6%。其中，燃煤发电107 992万千瓦，占比49.1%，首次降至50%以下；燃气发电9 802万千瓦，占比4.5%。2020年，火电发电量为51 743亿千瓦时，占全国总发电量的67.9%。其中，燃煤发电量46 316亿千瓦时，占全国总发电量的60.8%；燃气发电量2 485亿千瓦时，占全国总发电量的3.3%。

根据统计年报，2019年，中国火电装机容量118 957万千瓦，占全国发电装机容量的59.2%，比上年降低1.0个百分点。其中，燃煤发电104 063万千瓦，占比51.8%，比上年降低1.3个百分点。火电发电量50 465亿千瓦时，占全国总发电量的68.9%，比上年降低1.5个百分点。其中，燃煤发电量45 538亿千瓦时，占全国总发电量的62.2%，比上年降低1.9个百分点。

火电发电结构持续优化。一方面，大容量、高参数、节能环保型火电机组比重持续提高，火电单机30万千瓦及以上机组容量占火电机组容量从2010年的72.7%逐年上升到2019年的80.5%，累计提高7.8个百分点。另一方面，热电联产机组比重持续提高，火电供热机组利用高品质能量发电、较低品质的能量供热（减少汽轮机冷端热损失），可实现能量的梯级利用，提高能源利用效率。截至2019年年底，火电供热机组容量比重超过43.7%；6 000千瓦及以上火电厂热电比[3]达到28.89%。

2010—2019年中国统计调查范围内火电机组容量比重见图1-12；2010—2019年中国6 000千瓦及以上火电厂热电比见图1-13。

---

[3] 根据《火力发电厂技术经济指标计算方法》（DL/T 904），热电比是指统计期内电厂向外供出的热量与供电量的当量热量的百分比。

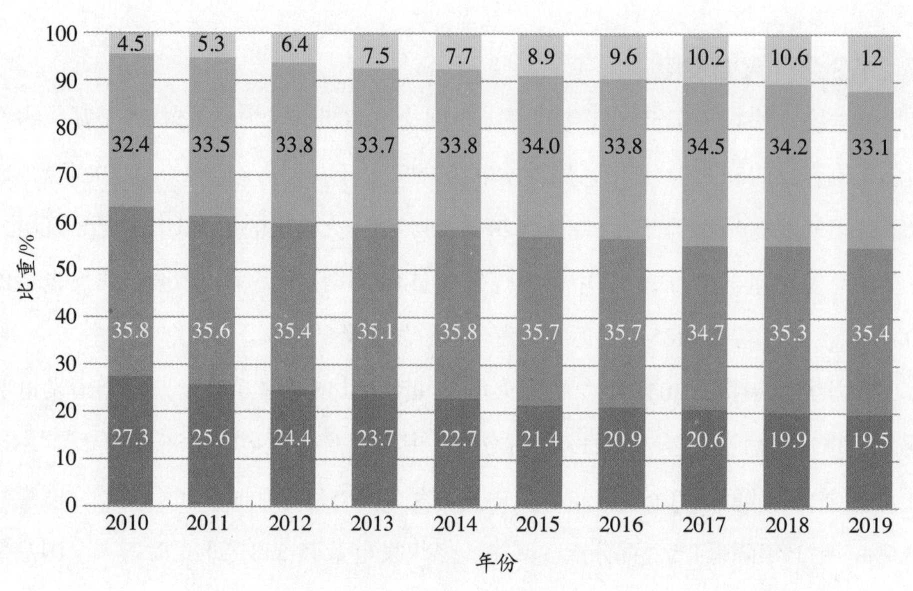

图1-12　2010—2019年中国统计调查范围内火电机组容量比重

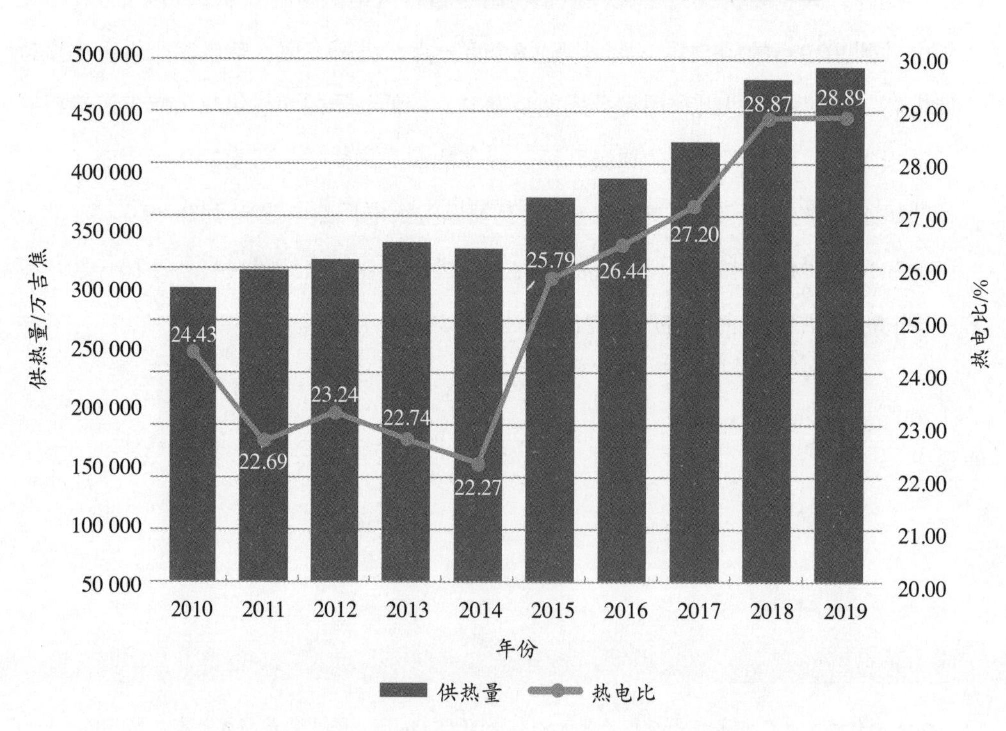

图1-13　2010—2019年中国6 000千瓦及以上火电厂热电比

1.2.3 电网规模及等级

截至2019年年底，中国电网35千伏及以上输电线路回路长度为193.5万千米，比上年增长3.4%。其中，220千伏及以上输电线路回路长度75.5万千米，比上年增长4.1%。中国电网35千伏及以上变电设备容量为65.3亿千伏安，比上年增长7.6%。其中，220千伏及以上变电设备容量42.7亿千伏安，比上年增长5.7%。

2019年中国35千伏及以上输电线路回路长度及变电设备容量见表1-1。

表1-1 2019年中国35千伏及以上输电线路回路长度及变电设备容量

电压等级		输电线路回路长度		变电设备容量	
		长度/万千米	增长率/%	容量/亿千伏安	增长率/%
35千伏及以上各电压等级合计		193.5	3.4	65.3	7.6
220千伏及以上各电压等级合计		75.5	4.1	42.7	5.7
其中	1 000千伏	1.2	12.6	1.6	10.2
	±800千伏	2.2	—	1.8	—
	750千伏	2.2	8.1	1.8	5.7
	500千伏	20.9	3.3	15.7	5.9
	其中：±500千伏	1.5	—	1.3	—
	330千伏	3.2	6.6	1.2	2.5
	220千伏	45.3	4.2	20.1	4.8

2 电力绿色发展情况

2.1 污染控制[4]

火电行业积极贯彻落实国家各项污染控制政策要求，对主要排放口、无组织排放源、电煤运输等环节加强管理，污染治理技术与管理水平持续提升，主要大气污染物和废水排放水平持续向好。截至2020年年底，全国达到超低排放限值的煤电机组装机容量约为9.5亿千瓦，占全国煤电总装机容量约为88%。

2.1.1 大气污染治理

（1）烟尘

2019年，中国电力烟尘排放总量约为18万吨，同比下降约为12.2%；单位火电发电量烟尘排放量约为0.038克/千瓦时，同比下降约为0.006克/千瓦时。

2001—2019年电力烟尘排放情况见图2–1。

（2）二氧化硫

2019年，中国电力二氧化硫排放总量约为89万吨，同比下降约为9.7%；单位火电发电量二氧化硫排放量约为0.186克/千瓦时，同比下降约为0.025克/千瓦时。

2001—2019年电力二氧化硫排放情况见图2–2。

（3）氮氧化物

2019年，中国电力氮氧化物排放总量约为93万吨，同比下降约为3.1%；单位火电发电量氮氧化物排放量约为0.195克/千瓦时，同比下降约为0.011克/千瓦时。

2005—2019年电力氮氧化物排放情况见图2–3。

---

[4] 本报告中，电力污染控制指火电主要污染物控制。

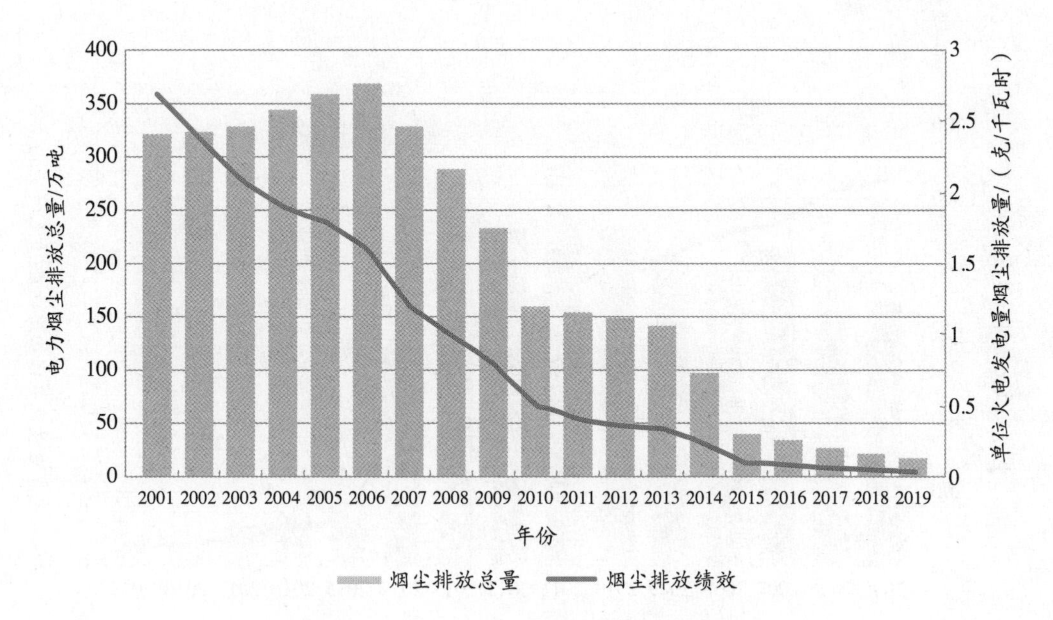

图2-1　2001—2019年电力烟尘排放情况[5]

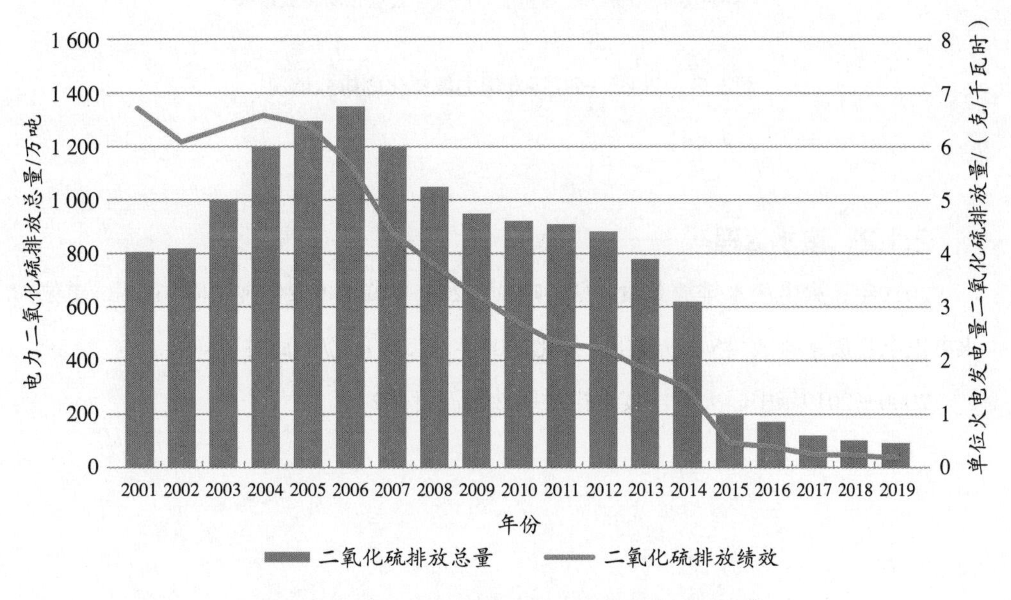

图2-2　2001—2019年电力二氧化硫排放情况[6]

---

[5] 电力烟尘排放量数据来源于电力行业统计分析，统计范围为全国装机容量6 000千瓦及以上火电厂。

[6] 电力二氧化硫排放量数据来源于电力行业统计分析，统计范围为全国装机容量6 000千瓦及以上火电厂。

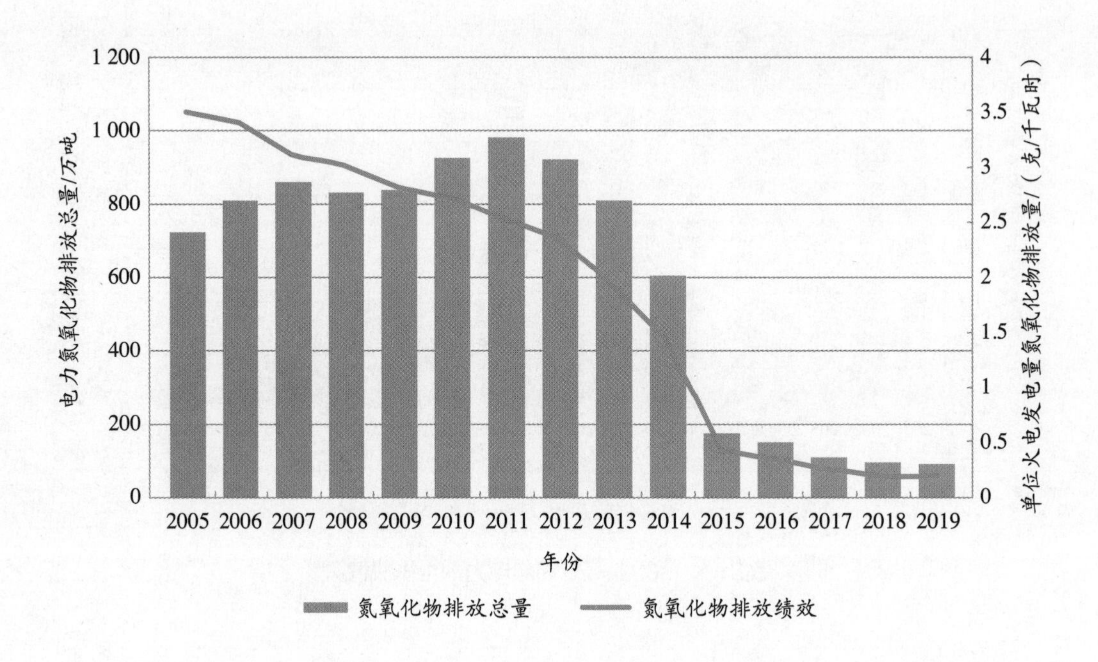

图2-3　2005—2019年电力氮氧化物排放情况[7]

2.1.2　废水治理

2019年，火电废水排放总量2.73亿吨，比2005年峰值20.2亿吨下降86.5%；单位火电发电量废水排放量54克/千瓦时，比2000年的1.38千克/千瓦时下降96.1%。

2000—2019年中国火电厂废水排放绩效情况见图2-4。

[7] 电力氮氧化物排放量数据来源于电力行业统计分析，统计范围为全国装机容量6 000千瓦及以上火电厂。

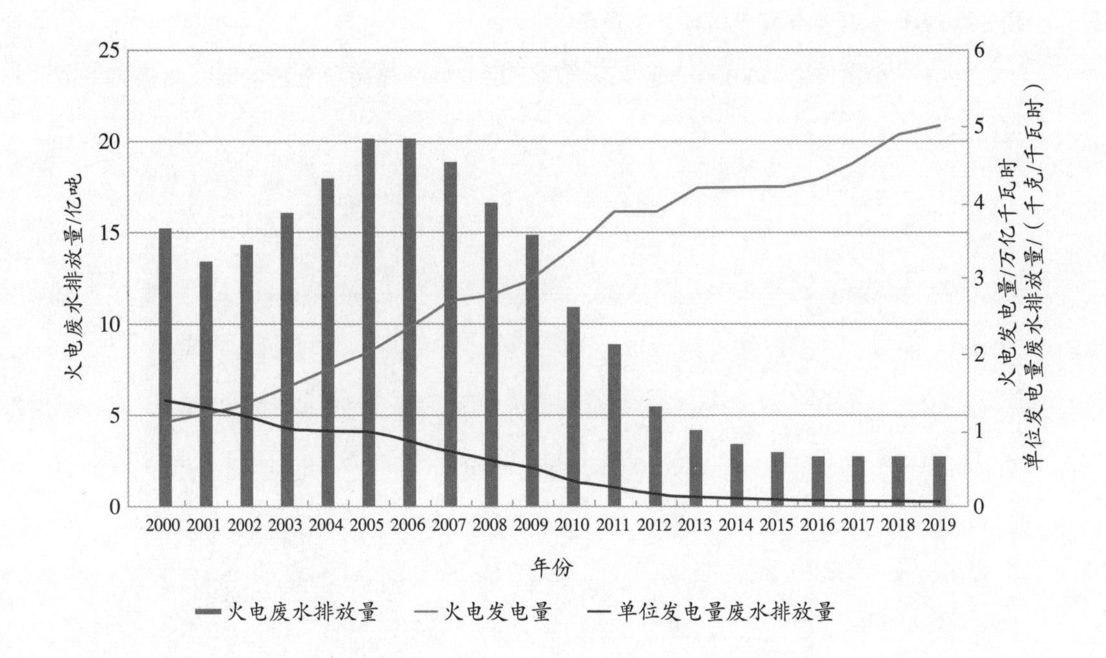

图2-4　2000—2019年中国火电厂废水排放绩效情况[8]

2.2　资源节约

2019年，电力行业持续推进煤电节能升级改造，淘汰落后产能，加大供热改造力度，供电标准煤耗、水耗等主要指标持续向好；同时，加强火电厂大宗固体废物（粉煤灰、脱硫石膏等）资源化利用，综合利用率持续提高。

2.2.1　节能降耗

根据国家能源局发布的2020年全国电力工业统计数据，2020年，中国6 000千瓦及以上电厂供电标准煤耗305.5克/千瓦时，比上年降低0.9克/千瓦时；全国电网线路

[8] 单位发电量废水排放量数据来源于电力行业统计分析，统计范围为全国装机容量6 000千瓦及以上火电厂。

损失率5.62%，比上年降低0.31个百分点。

2001—2020年中国6 000千瓦及以上电厂供电标准煤耗和全国电网线路损失率见图2-5。

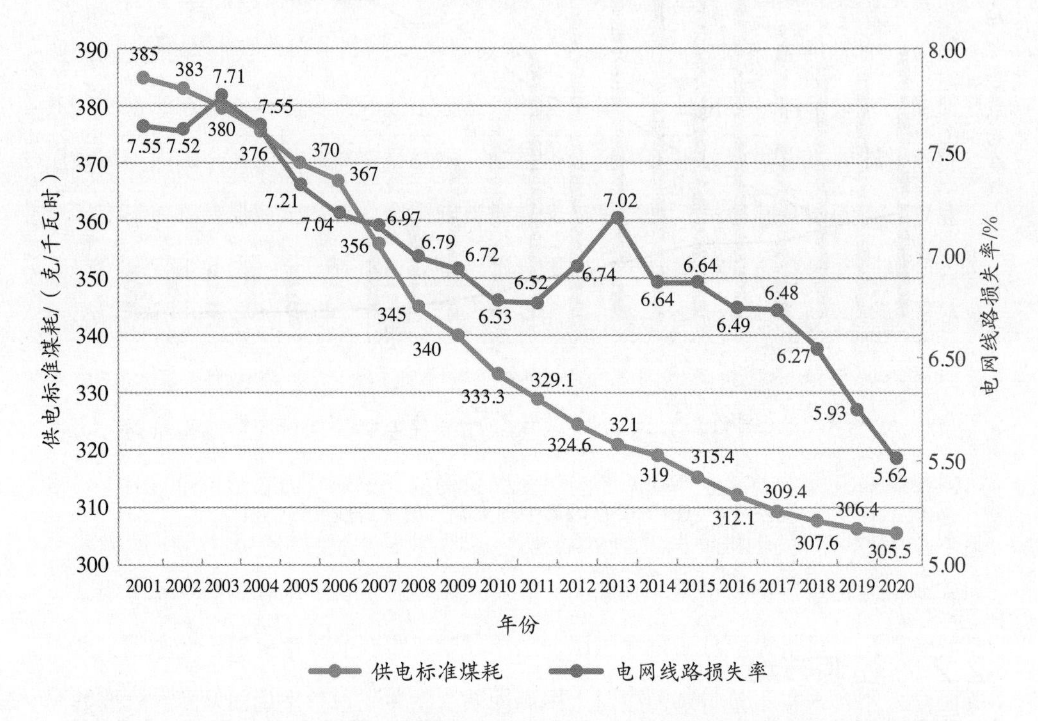

图2-5　2001—2020年中国6 000千瓦及以上电厂供电标准煤耗和全国电网线路损失率

2.2.2　水资源节约

2019年，中国火电厂单位发电量耗水量1.21千克/千瓦时，比上年降低0.02千克/千瓦时。2000—2019年中国火电厂单位发电量耗水量见图2-6。

2.2.3　固废综合利用

（1）粉煤灰

2019年，中国火电厂粉煤灰产生量5.5亿吨，与上年持平；综合利用量4.0亿吨，比上年增加0.1亿吨；综合利用率72%，比上年提高1个百分点。

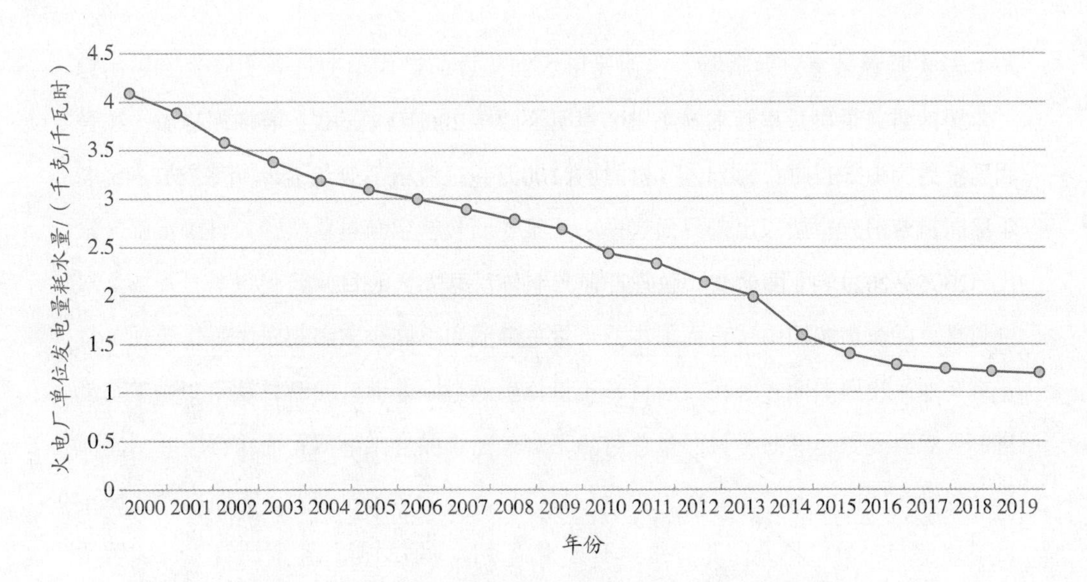

图2-6　2000—2019年中国火电厂单位发电量耗水量

2000—2019年中国火电厂粉煤灰产生与利用情况见图2-7。

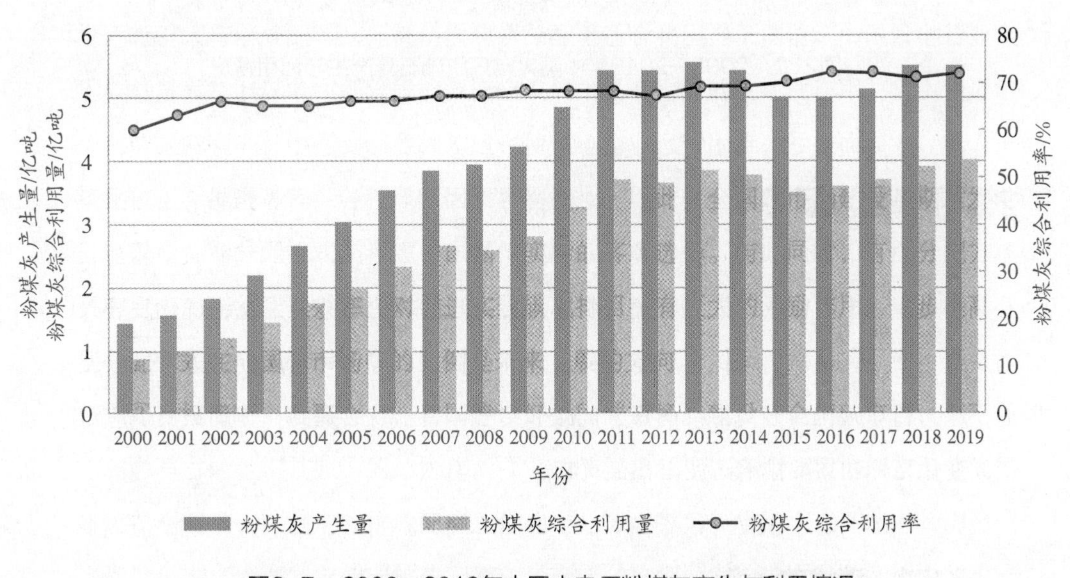

图2-7　2000—2019年中国火电厂粉煤灰产生与利用情况

（2）脱硫石膏

2019年，中国火电厂脱硫石膏产生量约为8 200万吨，比上年略有增加；综合利用量约为6 150万吨，比上年增加约为100万吨；脱硫石膏综合利用率75%，比上年提高1个百分点。

2005—2019年中国火电厂脱硫石膏产生与利用情况见图2–8。

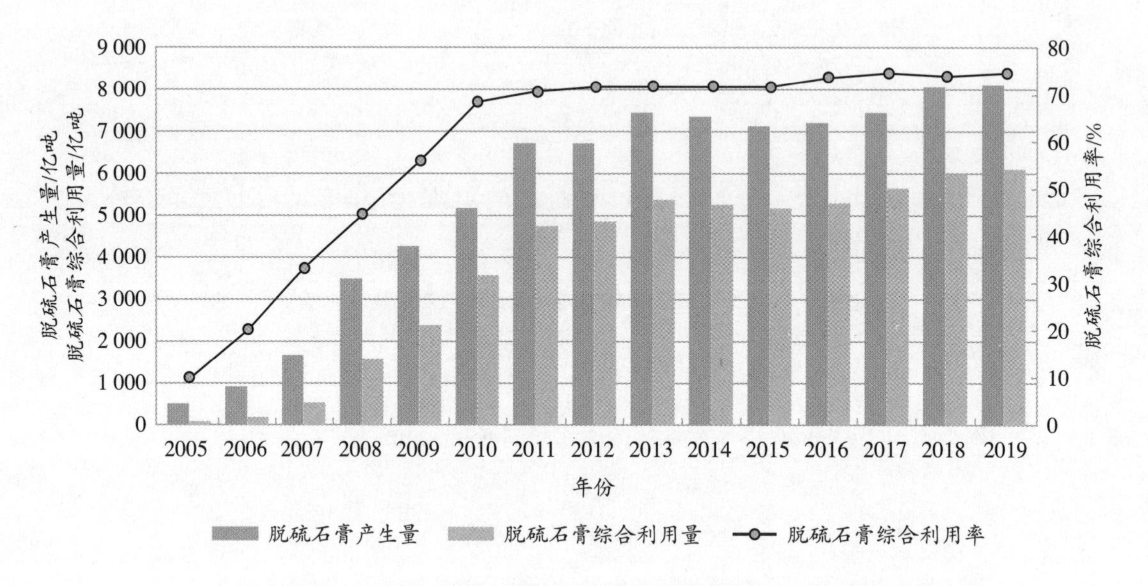

图2–8　2005—2019年中国火电厂脱硫石膏产生与利用情况

2.3　低碳发展

2019年，电力行业积极应对气候变化，大力发展非化石能源发电，优化发展火力发电，通过调整电力结构、节能降耗、发挥市场机制等多种措施促进电力低碳发展，电力行业碳排放强度持续向好、削减温室气体贡献持续提高，为国家落实应对气候变化目标和碳减排承诺做出积极贡献。

2.3.1　碳排放强度

据中电联统计分析，2019年，全国单位火电发电量二氧化碳排放量约为

838克/千瓦时，比2005年下降20.0%；单位发电量二氧化碳排放量约为577克/千瓦时，比2005年下降32.7%。

2005—2019年电力行业二氧化碳排放强度见图2-9。

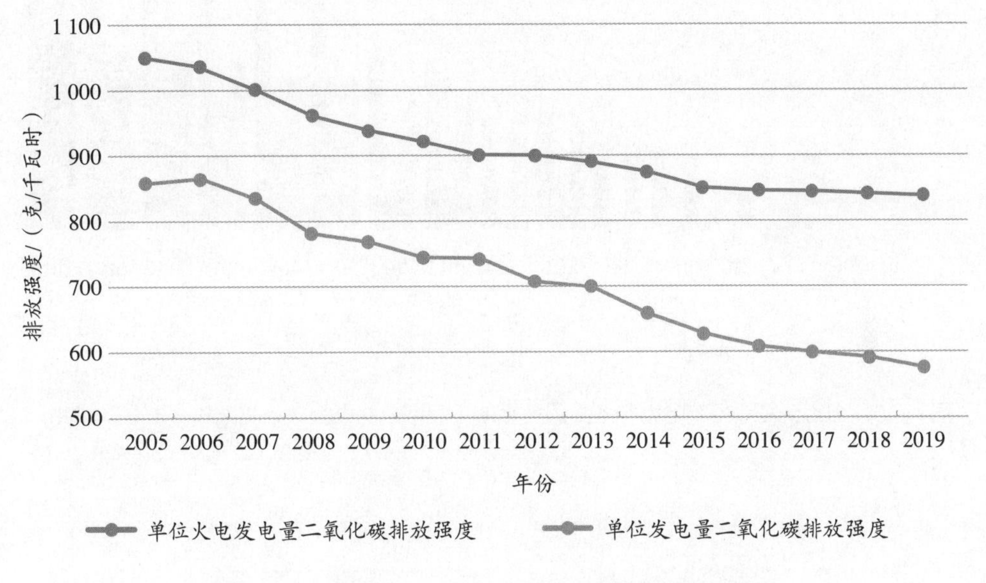

图2-9　2005—2019年电力行业二氧化碳排放强度

2.3.2　温室气体削减

本报告中，电力温室气体削减途径主要考虑两类措施：一是非化石能源发电比重提高产生的降碳效应，即以水电、核电、风电、太阳能发电等无碳排放的非化石能源发电替代高碳排放的火力发电；二是火电效率提高产生的碳强度下降效应，即因火电煤耗下降，保持同样发电量的情况下燃煤使用量减少。为准确判断以上措施对电力温室气体削减的连续性贡献，使不同年份、不同削减措施可比，发电量取单位值（如1千瓦时）进行比较，以滚动年份（上年度）为基准年。基于以上分析和假设，2005—2019年中国电力非化石能源替代、煤耗下降以及综合降碳贡献率和削减量见图2-10和图2-11。

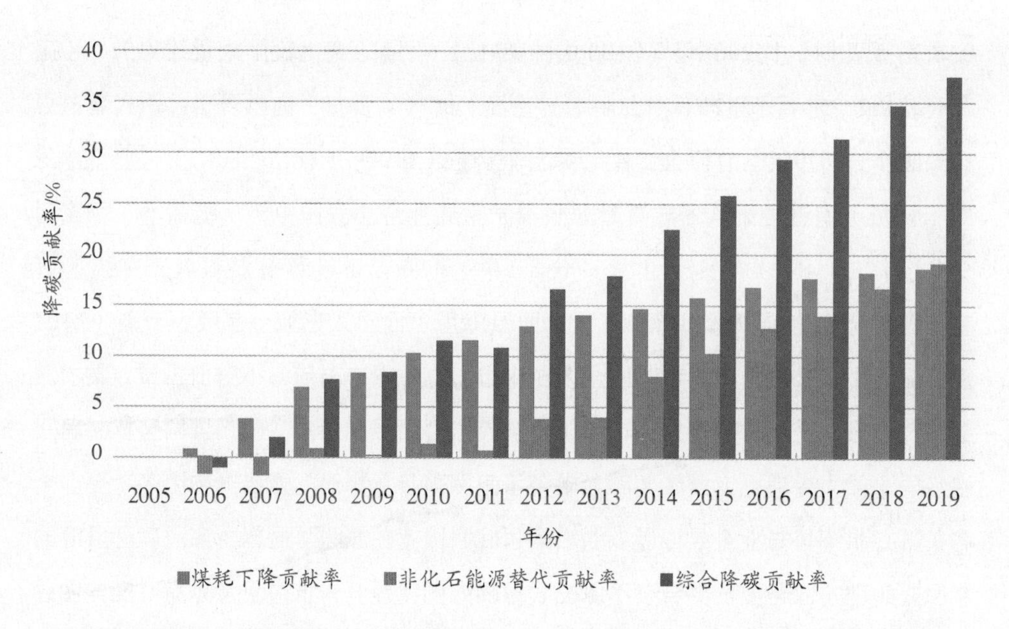

图2-10　2005—2019年电力行业降碳贡献率（图中数据以上年为基准年，2005年取0）

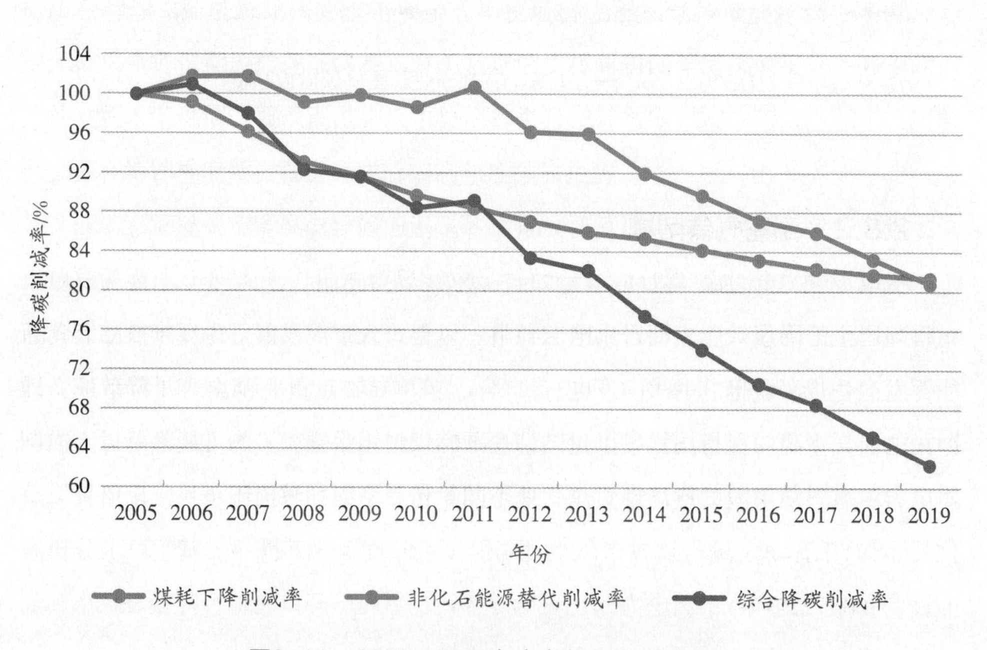

图2-11　2005—2019年电力行业降碳削减率

（图中数据以上年为基准年，2005年取100%）

由上图可知：①煤耗下降的降碳贡献率总体呈现下降趋势，与前一年贡献率之差最大的年份为2008年的3.09个百分点，到2019年降低到0.39个百分点，反映出煤耗下降的降碳贡献率潜力趋于减小；②非化石能源替代的降碳贡献率总体呈现上升趋势，个别年份有所波动，甚至出现负值（说明当年的非化石能源发电量比重较上年下降）；③综合降碳贡献率总体呈现上升趋势，2014年之前以煤耗下降为降碳的主要拉动因素，此后非化石能源替代发挥了越来越大的降碳拉动作用；④降碳削减率总体变化趋势则与降碳贡献率相反。

以上年为基准年，2005—2019年电力行业累计削减二氧化碳排放量约为14.07亿吨；其中，煤耗降低的降碳贡献率累计为18.69%，非化石能源替代的降碳累计贡献率为19.22%。

2005—2019年电力行业二氧化碳年削减量见图2-12。

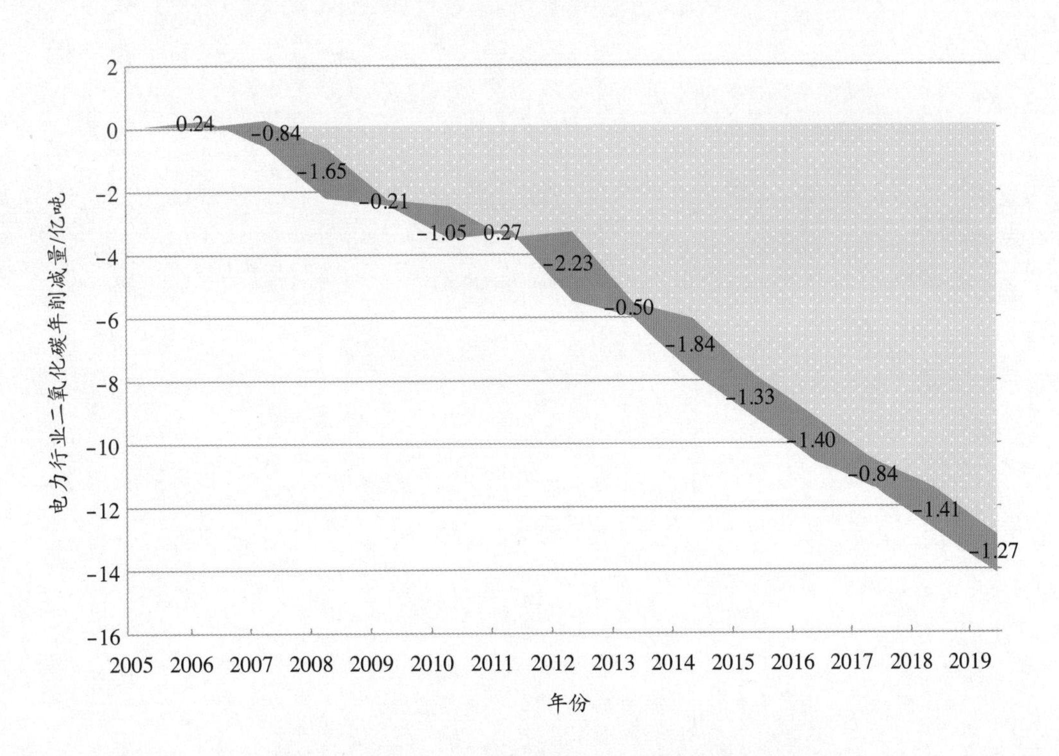

图2-12　2005—2019年电力行业二氧化碳年削减量
（图中数据以上年为基准年，2005年取0）

第二部分

中国低碳电力政策回顾及评估

3 国际国内低碳电力政策回顾

3.1 国际应对气候变化政策

3.1.1 主要国际公约

（1）《联合国气候变化框架公约》

《联合国气候变化框架公约》（*United Nations Framework Convention on Climate Change*，UNFCCC；以下简称《公约》）是于1992年5月22日联合国政府间谈判委员会就气候变化问题达成、于1992年6月3日举行的联合国环境与发展会议上签署、于1994年3月21日正式生效的公约。1992年11月7日，中国经全国人大批准了该《公约》，于1993年1月5日将批准书交存联合国秘书长处。《公约》自1994年3月21日起对中国生效，即日起适用于澳门特别行政区（1999年12月回归后继续适用），并自2003年5月5日起适用于香港特别行政区。

《公约》由序言及26条正文组成，是世界上第一部为全面控制温室气体排放、应对气候变化的具有法律约束力的国际公约，也是国际社会在应对全球气候变化问题上进行国际合作的基本框架。其目标是减少温室气体排放，减少人为活动对气候系统的危害，减缓气候变化，增强生态系统对气候变化的适应性，确保粮食生产和经济可持续发展，并为此确立了5个基本原则："共同但有区别的责任"的原则，要求发达国家应率先采取措施，应对气候变化；要考虑发展中国家的具体需要和国情；各缔约方应当采取必要措施，预测、防止和减少引起气候变化的因素；尊重各缔约方的可持续发展权；加强国际合作，应对气候变化的措施不能成为国际贸易的壁垒。《公约》的缔约方做出了许多旨在解决气候变化问题的承诺；每个缔约方都必须定期提交专项报告，其内容必须包含该缔约方的温室气体排放信息，并说明为实施《公约》所执行的计划及具体措施。

（2）《京都议定书》

《联合国气候变化框架公约的京都议定书》（*Kyoto Protocol*，以下简称《京都议定书》）是1997年在日本京都召开的《公约》第三次缔约方大会（COP3）上通过的，旨在限制发达国家温室气体排放量以抑制全球变暖的国际性公约。《京都议定书》首次以国际性法规的形式限制温室气体排放。2012年多哈会议通过包含部分发达国家第二承诺期量化减限排指标的《〈京都议定书〉多哈修正案》。1998年5月29日，中国签署《京都议定书》，并于2002年8月30日核准，自2005年2月16日起对中国生效，即日起适用于香港特别行政区，并自2008年1月14日起适用于澳门特别行政区。2014年6月2日，中国向联合国秘书长交存了中国政府接受《〈京都议定书〉多哈修正案》的接受书。

《京都议定书》及其修正案规定了7种限制排放的温室气体，包括二氧化碳（CO_2）、甲烷（CH_4）、氧化亚氮（N_2O）、氢氟碳化物（HFCs）、全氟化碳（PFCs）、六氟化硫（SF_6）和三氟化氮（NF_3）；规定发达国家可采取“排放贸易”“共同履行”“清洁发展机制”三种“灵活履约机制”作为完成减排义务的补充手段等。

（3）《巴黎协定》

2015年11月30日至12月12日，在法国巴黎进行的巴黎气候变化大会达成《巴黎气候变化协定》（以下简称《巴黎协定》），对2020年后应对气候变化国际机制做出安排，标志着全球应对气候变化进入新阶段。中国于2016年4月22日签署《巴黎协定》，并于2016年9月3日批准《巴黎协定》，自2016年11月4日起正式生效。《巴黎协定》主要内容包括：①长期目标。重申把全球平均气温升幅控制在工业化前水平以上低于2℃之内目标，并努力将气温升幅限制在工业化前水平以上1.5℃之内，并且提出在21世纪下半叶实现温室气体源的人为排放与汇的清除之间的平衡。②国家自主贡献。各缔约方应编制、通报并保持其打算实现的下一次国家自主贡献；各缔约方下一次的国家自主贡献将按不同的国情，逐步增加缔约方当前的国家自主贡献，并反映其尽可能大的力度，同时反映其共同但有区别的责任和各自的能力。③减缓。要求发达国家继续提出全经济范围绝对量减排目标，鼓励发展中国家根据自身国情逐步向全经济范围绝对量减排或限排目标迈进。④资金。明确发达国家要继续向发展中国家提供资金支持，鼓励其他国家在自愿基础上出资。⑤透明度。建立“强化”的透明度框架，重申遵循非侵入性、非惩罚性的原则，并为发展中国家提供灵活性。透明度的具体模式、程序和指南将由后续谈判制定。⑥全球盘点。每五年进行定期盘点，推动各方不断提高行动力度，并于2023年进行首次全球盘点。

受新冠肺炎疫情的影响，原定于2020年11月在英国格拉斯哥举办的联合国第26届气候变化大会推迟举办。本书截稿前最近一次联合国气候变化大会，即第25届气候变化大会，于2019年11月2—15日在西班牙马德里举行，各方就能力建设、性别计划和技术等问题达成一致，但在重启国际碳市场、为应对气候变化造成的损失和损害寻找资金、制定发达国家为发展中国家提供长期融资的路线图以及发达国家对其在《巴黎协定》生效之前应采取的气候行动负责等重大议题未能达成一致。尽管会议未对重大议题取得进展，但在为期两周的会议期间各级表态加强承诺成为应对气候变化的积极信号（如欧盟宣布致力于到2050年实现净零排放，有73个国家宣布他们将提交增强的气候行动计划等）。

3.1.2 主要国家或区域低碳政策

（1）欧盟

1998年年底，欧盟环境部长理事会会议出台了《欧盟关于气候变化的战略》；2000年2月，欧盟委员会提出《欧盟温室气体排放交易绿皮书》立法建议，并于2003年10月正式成为欧盟法律予以颁布，这是欧盟碳市场的基本法律，以此为依据的欧盟温室气体排放交易体系于2005年1月正式运行；2011年欧盟委员会陆续发布了《2050年能源路线图》《2050年低碳经济转型路线图》《2050年交通白皮书》等政策文件，对减排目标（当时确定为2050年碳排放量比1990年下降80%～95%）及能源结构转型提出了明确的计划；2014年，欧盟又提出“到2030年碳排放量要比1990年减少40%，可再生能源消费占能源消费总量的30%以及能源使用效能整体提升30%”的具体目标；2017年7月，欧盟委员会出台了《强化欧盟地区创新战略》，该战略提出欧盟各国要提升智能化建设水平，通过智能化建设来应对全球气候挑战，推进欧盟低碳转型；2018年，欧盟对排放交易体系（促进第四阶段欧盟碳市场实施）、土地政策（土地利用、林业利用与碳排放、碳市场结合）、能源政策（出台《能源效率指令》，要求交通领域节能及提高能效）等提出具体修正计划；2019年12月11日，欧盟委员会在布鲁塞尔公布应对气候变化新政《欧洲绿色协议》（*European Green Deal*），提出到2050年欧洲在全球范围内率先实现“净零排放”（net-zero Emissions）。《欧洲绿色协议》旨在通过将气候和环境挑战转化为政策领域的机遇，实现欧盟经济可持续发展；同时，提出了行动路线图，通过转向清洁能源、循环经济以及阻止气候变化、恢复生物多样性、减少污染等措施提高资源利用效率（见专栏3-1、表3-1）。2020年3月，欧盟委员会公布了《欧洲气候法》（草案）（以下简称草案），决定以立法的形式明确到2050年实现“净零排放”的政治目标。按照草案要求，欧盟所有机构和成员国都需采取必要措施以实现上述目标，还规定了采取何种措施来评估成果，以及分步实现2050年目标的路线图等。

欧盟碳市场（EU-ETS）是世界上最早建成对企业有法律约束力的碳市场，是欧盟气候政策的核心要素。EU-ETS依据欧盟议会和欧盟理事会2003年10月批准的《建立欧盟温室气体排放配额交易体系指令》（2003/87/EC），于2005年1月1日建立。为保证实施过程的可控性，EU-ETS的实施分为四个阶段逐步推进。第一阶段（2005—2007年），交易温室气体仅为二氧化碳，范围覆盖了欧盟28个成员国中2万千瓦以上的电力、炼油、炼焦、钢铁、水泥、玻璃、石灰、制砖、制陶、造纸10 个行业，配额依据每个成员国提供的国家分配计划，95%的配额免费分配，此阶段主要目的并不在于实现温室气体的大幅减排，而是获得碳市场的经验。第二阶段（2008—2012年），时间跨度与《京都议定书》首次承诺时间保持一致，承诺到2012年温室气体在1990年的基础上减少8%，在行业覆盖范围（增加了航空业）、成员国数量（扩充了挪威、冰岛和列支敦士登）、排放上限（改为欧盟范围内统一排放上限）、免费配额比重（减少至90%）等方面有所调整，新纳入企业储备配额中预留3亿吨配额，通过“NER300项目”用于资助创新可再生能源技术和碳捕获与封存技术的应用。第三阶段（2013—2020年），排放总量每年以1.74%的速度下降，行业覆盖范围除第二阶段所有行业外，增加制铝、石油化工、制氨、硝酸、乙二酸、乙醛酸生产、碳捕获、管线输送、二氧化碳地下储存等，第三阶段电力公司不再得到免费的配额，而是被要求通过参与拍卖或在二级市场购买来获取需要的所有配额。2014年1月，欧盟委员会公布了《2030年气候与能源政策框架》，并于2015年7月对EU-ETS第四阶段（2021—2030年）提出了法律修订建议；2018年2月，欧盟理事会通过了对EU-ETS第四阶段立法框架的修订。

《欧洲绿色协议》

2019年12月11日，欧盟委员会发布了《欧洲绿色协议》，这是迄今为止欧盟关于绿色可持续发展的最高纲领性文件。该协议是一项新的增长战略，旨在通过将气候和环境挑战转化为政策领域的机遇，实现欧盟经济社会向更加可持续的方向转型。

协议内容包括提高欧盟2030年和2050年的气候雄心，提供清洁、可负担及安全的能源，推动工业向清洁循环经济转型，实现能源资源的有效利用，构建零污染的无害环境，保护与修复生态系统和生物多样性，打造公平、健康、环保的食物体系以及加快向可持续和智慧出行的转变八大主题。协议还提出了实现可持续发展目标的关键政策和措施的初步路线图，所涉及的政策变革几乎涵盖了所有经济领域，特别是交通、能源、农业、建筑、钢铁、水泥、信息通信、纺织和化工产业，为未来数月和数年的行动铺平了道路。

表3-1 《欧洲绿色协议》行动路线图

具体行动	时间
气候雄心	
纳入2050年“净零排放”目标的一项欧洲“气候法”提案	2020年3月
以负责任的态度将欧盟2030年气候目标提高到减排至少50%，力争55%的一项全面计划	2020年夏季
继对《碳排放交易体系指令》，《责任分担条例》，土地利用、土地利用变化与林业法规，《能源效率指令》，《可再生能源指令》及小汽车和轻型商用车二氧化碳排放标准进行审查后，对相关法规措施提出修订以实现加强气候治理雄心	2021年6月
修订《能源税指令》的提案	2021年6月
有关选定行业碳边境调节机制的提案	2021年
欧盟适应气候变化新战略	2020/2021年
清洁、可负担和安全的能源	
评估最终的国家能源和气候规划	2020年6月
职能部门融合策略	2020年
建筑行业“翻新浪潮”倡议	2020年
《泛欧能源网络条例》的评估和审议	2020年
海上风电战略	2020年
走向清洁循环经济的工业战略	
欧盟工业战略	2020年3月
《循环经济行动计划》，包括可持续产品倡议，特别关注资源密集型行业，如纺织品、建筑、电子产品和塑料等	2020年3月
倡导推动能源密集型工业领域的气候中和与循环产品的主导市场	2020年开始
支持到2030年实现零碳钢工艺的提案	2020年
电池行业立法，支持《电池战略行动方案》和循环经济	2020年10月
提议废弃物改革的相关立法	2020年开始

续表

具体行动	时间
可持续及智慧出行	
可持续及智慧出行战略	2020年
筹集资金支持部署公共充电桩和加油站作为替代燃料基础设施的一部分	2020年开始
评估立法选项促进不同交通运输方式可持续替代燃料的生产和供应	2020年开始
关于修订《联合运输指令》的提案	2021年
审议《替代燃料基础设施指令》和《泛欧交通运输网络条例》	2021年
增强和更好地管理铁路和内陆水运的倡议	2021年开始
关于制定更严格的内燃机车大气污染物排放标准的提案	2021年
绿色的共同农业政策/“从农场到餐桌战略”	
审议国家战略计划草案，并参照《欧洲绿色协议》和“从农场到餐桌战略”的雄伟目标	2020—2021年
“从农场到餐桌战略”大幅减少和降低化学农药的使用及其风险和大幅减少化肥和抗生素的使用包括立法在内的措施	2020年春季、2021年
维持和保护生物多样性	
欧盟2030年生物多样性战略	2020年3月
解决生物多样性丧失主要驱动因素的措施	2021年开始
欧盟新森林战略	2020年
支持无毁林价值链的举措	2020年开始
迈向无毒环境零污染的宏伟目标	
可持续化学品战略	2020年夏季
水、大气和土壤的零污染行动计划	2021年
修订解决大型工业设施污染的措施	2021年

续表

具体行动	时间
将可持续性纳入所有的欧盟政策	
提案关于包括公正转型基金在内的公正转型机制和《可持续欧洲投资计划》	2020年1月
更新可持续金融战略	2020年秋季
审议《非财务报告指令》	2020年
提议对欧盟和成员国绿色预算的实践进行筛查并设定基准	2020年开始
审议有关国家援助的指引，包括环境和能源的国家援助指引	2021年
使所有欧洲委员会的新倡议均与《欧洲绿色协议》目标一致，并促进创新	2020年开始
由利益攸关者找出并补救立法中会削弱《欧洲绿色协议》实施效果的不一致的规定	2020年开始
在“欧洲学期”中融合可持续发展目标	2020年开始
欧盟作为全球领导者	
欧盟继续领导国际气候和生物多样性谈判，进一步强化国际政策框架	2019年开始
与欧盟成员国一道加强欧盟绿色新政外交	2020年开始
通过双边努力，促使合作伙伴采取行动，并确保行动与政策具有可比性	2020年开始
西巴尔干地区的绿色进程	2020年开始
携手努力——《欧洲气候公约》	
推出《欧洲气候公约》	2020年3月
提出欧盟《第八个环境行动项目》	2020年

资料来源：生态环境部固体废物与化学品管理技术中心整理。

（2）美国

美国各界联邦政府在应对气候变化问题上的总体态度存在较大变动，气候政策几经调整，且多为颠覆性调整，这与美国国内政治体制特点和两党执政理念的差异性有很大关系。乔治·赫伯特·沃克·布什任美国总统期间（1989—1993年）的美国政府延续了《清洁空气法案》，签署和批准了《联合国气候变化框架公约》，但明确表示不接受发展中国家“弱化”的碳减排义务规定；比尔·克林顿任美国总统期间（1993—2001年）的美国政府，努力把环境问题与美国国家安全联系起来，成立了总统可持续发展委员会，提升了环境问题在国内政治议程上的优先性，签署了《京都议定书》；乔治·沃克·布什任美国总统期间（2001—2009年）的美国政府，于2001年4月宣布退出《京都议定书》，认为继续履约将为美国经济带来消极影响；贝拉克·侯赛因·奥巴马任美国总统期间（2009—2017年）的美国政府，把气候变化和美国能源独立联系起来，推行“能源型气候政策”，发布了以《总统气候行动计划》和《清洁电力计划》为代表的行政法规，推动了《巴黎协定》的达成、签署和提前生效等；唐纳德·特朗普任美国总统期间（2017—2021年）的美国政府，对气候政策进行了重大调整，几乎全面颠覆了奥巴马政府的气候政策，于2017年3月28日发布能源独立行政令（旨在推动化石能源发展），于2017年6月1日正式宣布退出《巴黎协定》（2020年11月4日正式退出），不再实施国家自主贡献，取消《总统气候行动计划》和《清洁电力计划》，通过削减预算使气候变化科学研发和技术工程项目受到严重影响等。在州政府层面，由于影响美国应对气候变化的诸多关键因素并不在联邦政府的管控之下，一些关键州和城市依然在推行积极的应对气候变化政策，如由加利福尼亚州、华盛顿州、纽约州三州州长发起了“美国气候联盟”，并且已有多个州加入；超过200个美国城市市长承诺将恪守对《巴黎协定》的承诺等。当地时间2021年1月20日，约瑟夫·拜登正式宣誓就任美国第46任总统，当天签署行政命令宣布美国重新加入《巴黎协定》；此后，又签署行政命令为应对气候变化提出一揽子行动计划，如提出美国将通过联合国等多边机制促进大幅提高全球气候目标以应对气候挑战，明确气候应是美国外交政策和国家安全的一个基本要素等；又如，重组应对气候变化国家机构，包括成立白宫国内气候政策办公室，成立由财政部部长、国防部部长等政府机构负责人组成的国家气候工作组等；再如，提出一系列政策目标，包括最迟于2035年实现电力部门无碳污染，联邦、州等各级政府车辆“零排放”，暂停在联邦土地上进行新的石油及天然气项目，逐步取消化石燃料补贴等。新一届拜登政府关于应对气候变化问题的态度和行动释放出未来美国将更加积极地参与和开展全球气候治理的信号。

碳市场机制是美国应对气候变化政策的重要组成，但区别于EU-ETS的重要特征是非联邦政府主导，主要在州层面开展，如区域温室气体减排行动（RGGI）源于2005年美国东北部地区10个州共同签署的应对气候变化协议，从2009年起，美国东北部的康涅狄格州、特拉华州、缅因州、马里兰州、马萨诸塞州、新罕布什尔州、纽约州、罗德岛州和佛蒙特州9个州（新泽西州初期参与RGGI，但后期退出）共同开展了美国首个旨在减少温室气体排放的市场手段监管计划，且只有火电行业参与。又如，《西部气候倡议》（WCI）组织于2007年2月成立，是由美国加利福尼亚州等西部7个州和加拿大中西部4个省发起的区域性组织，其成员根据自愿协议制订自身的计划；覆盖发电、工业燃料、工业加工、交通燃料、居民用燃料与商业燃料所产生的二氧化碳、一氧化碳、甲烷、全氟碳化物、六氟化硫、氢氟碳化物、三氟化氮；计划覆盖成员州（省）90%温室气体排放，旨在以2005年为基准年，2020年之前将温室气体排放量减少20%，在2050年之前减少80%。再如，加利福尼亚州碳市场，于2013年1月1日正式启动，其法律基础是《AB32法案》和《SB32法案》，规定到2020年实现15%的温室气候减排目标以求达到1990年的排放水平；到2030年实现在1990年的基础上减少40%；到2050年实现在1990年的基础上减少80%以上。

（3）其他国家

①英国

英国的低碳发展起步早，20世纪70年代起，英国就已开始致力于提高能源效率的技术研发，于2008年成立能源与气候变化部和气候变化委员会，并制定实施了“碳预算”方案，在世界上率先开展了“碳中和”“碳补偿”“碳标签”等一系列政策举措。英国在立法、政策等方面拥有丰富的实践经验，先后颁布《能源法案》《气候变化与可持续能源法案》《气候变化法案》（2008年正式颁布，2019年修订，正式确立到2050年实现温室气体“净零排放”）、《英国低碳转型计划：国家气候变化战略》等，以推动国内低碳经济的发展。2020年11月，英国政府宣布一项涵盖10个方面的“绿色工业革命”计划，包括大力发展海上风能、推进新一代核能研发和加速推广电动汽车等；同年12月，再次宣布最新碳减排目标，承诺到2030年英国温室气体排放量与1990年相比至少降低68%。此外，英国政府注重市场机制在低碳发展中的引导作用，积极参与欧盟排放交易体系，建立碳基金，实施通过引导消费者行为来影响企业生产和市场发展的“碳标签”制度，通过气候变化税等财政税收方式进行调控等。

②韩国

韩国积极参与应对气候变化行动，将“低碳绿色发展”作为国家长期发展目标，通过建立能源、环境、经济的协调发展模式，逐步向低碳型经济转变，为此韩国政府实施了一系列政策与措施。2008年后，韩国实施“低碳绿色发展战略”，出台了四次《新再生能源基本计划》，通过加大研发投入，发展风能、太阳能、燃料电池等新再生能源产业，逐步向低碳经济转型。2015年，韩国政府为进一步加大清洁能源的推广力度，出台《2030新能源产业扩散战略》，推动新能源汽车等产业发展，并呼吁企业在新能源领域加大投入。2016年2月，韩国出台《第一次应对气候变化基本计划》（2017—2036年），这是《巴黎协定》后，为达成2030年的减排目标，韩国政府制订的第一个详细的综合计划，该计划提出将大力发展清洁能源，建立低碳社会，引导企业通过技术创新和运用市场机制代替硬性的减排任务，并开始注重构建官民合作的社会体系来共同应对气候变化。2019年，韩国政府通过了《第二次气候变化应对基本计划》，确定到2030年，将把温室气体排放量减少24%的减排计划，在能源、工业生产、建筑、运输、废弃物、公共、农畜产、山林8个领域推动温室气体减排，争取到2030年前，将温室气体排放量从2017年的约7亿吨缩减到5.3亿吨左右。

韩国将碳市场（KETS）作为重要的碳减排政策机制。自2015年启动运行，覆盖了二氧化碳、甲烷、一氧化二氮、氢氟碳化合物、全氟碳化合物和六氟化硫6种温室气体，约占全国温室气体排放量的72%；KETS分为三个阶段，其中2015—2017年为第一阶段，2018—2020年为第二阶段，2021—2025年为第三阶段。其中，第一阶段配额交易量小、价格低的最主要原因在于所有配额免费分配，且除水泥、航空和石化行业采用基准值法分配外，其他行业均采用“历史排放总量法”[9]分配，导致配额量高于排放量；第二阶段KETS将基准值法扩展到7个子行业，将发电等行业纳入其中，且将配额全部免费分配调整为97%免费分配；预计第三阶段进一步减小免费分配比例，碳价有很大可能性会进一步上涨。

③墨西哥

2012年，墨西哥政府通过了《气候变化基本法》；2013年，批准通过《国家气候变化战略：10-20-40愿景》；2015年，向UNFCCC递交了《国家自主贡献预案》，并于2016年签署了《巴黎协定》，计划到2030年，在基准情景下无条件地减少温室气体与短效空气污染物（SLCP）25%；相当于到2026年温室气体净排放量达峰，2013—2030年单位GDP碳排放强度减少40%。2018年，墨西哥等7国向《公约》秘书处提交了21世纪中叶长期温室气体低排放发展战略，明确了近中期碳减排目标（2030年较基线情景下降22%）和长期碳减排目标（2050年温室气体较2000年减排50%）。同时，墨西哥已加入一些碳市场与碳合作机构，其中包括太平洋MRV［监测（Monitoring）、报告（Reporting）、核查（Verification）］联盟、碳价格领导联盟、美国与新西兰碳市场宣言组织等，通过区域合作加强碳市场与碳价体系建设。此外，墨西哥还与一些国家或区域开展了双边气候合作，如与加利福尼亚州碳市场签署气候议程等。

3.2 国内低碳电力政策

3.2.1 低碳政策定位与特点

（1）低碳发展是生态文明建设的重要内容

党的十八届五中全会提出“五大发展理念”，其中，绿色发展理念与其他四大发展理念相互贯通、相互促进，是我们党关于生态文明建设、社会主义现代化建

[9] 历史排放总量法也称“祖父法”，是不考虑排放对象的产品产量，只根据历史排放值分配配额的一种方法，以纳入配额管理的对象在过去一定年度的碳排放数据为主要依据，确定其未来年度碳排放配额。

设规律性认识的最新成果，具有重大意义。绿色发展理念以人与自然和谐为价值取向，以绿色低碳循环为主要原则，以生态文明建设为基本抓手。走绿色低碳循环发展之路，是突破资源环境“瓶颈”制约的必然要求，是调整经济结构、转变发展方式、实现可持续发展的必然选择。

2015年4月25日，中共中央、国务院发布《关于加快推进生态文明建设的意见》。其提出“坚持把绿色发展、循环发展、低碳发展作为基本途径”原则；提出“单位国内生产总值二氧化碳排放强度比2005年下降40%～45%，能源消耗强度持续下降，资源产出率大幅提高……非化石能源占一次能源消费比重达到15%左右”的2020年主要目标；提出“积极应对气候变化。坚持当前长远相互兼顾、减缓适应全面推进，通过节约能源和提高能效，优化能源结构，增加森林、草原、湿地、海洋碳汇等手段，有效控制二氧化碳、甲烷、氢氟碳化物、全氟化碳、六氟化硫等温室气体排放。提高适应气候变化特别是应对极端天气和气候事件能力，加强监测、预警和预防，提高农业、林业、水资源等重点领域和生态脆弱地区适应气候变化的水平。扎实推进低碳省区、城市、城镇、产业园区、社区试点。坚持共同但有区别的责任原则、公平原则、各自能力原则，积极建设性地参与应对气候变化国际谈判，推动建立公平合理的全球应对气候变化格局”“建立节能量、碳排放权交易制度，深化交易试点，推动建立全国碳排放权交易市场”“大力推广绿色低碳出行，倡导绿色生活和休闲模式……”等措施。

2015年9月21日，中共中央、国务院印发《生态文明体制改革总体方案》。其提出“发展必须是绿色发展、循环发展、低碳发展”理念；提出“健全节能低碳产品和技术装备推广机制，定期发布技术目录……逐步建立全国碳排放总量控制制度和分解落实机制，建立增加森林、草原、湿地、海洋碳汇的有效机制，加强应对气候变化国际合作”“深化碳排放权交易试点，逐步建立全国碳排放权交易市场，研究制定全国碳排放权交易总量设定与配额分配方案。完善碳交易注册登记系统，建立碳排放权交易市场监管体系”等措施。

2017年10月18日，习近平总书记代表第十八届中央委员会向中国共产党第十九次全国代表大会做了题为《决胜全面建成小康社会　夺取新时代中国特色社会主义伟大胜利》的报告。该报告指出“加快生态文明体制改革，建设美丽中国”；提出“推进绿色发展。加快建立绿色生产和消费的法律制度和政策导向，建立健全绿色低碳循环发展的经济体系。构建市场导向的绿色技术创新体系，发展绿色金融，壮大节能环保产业、清洁生产产业、清洁能源产业。推进能源生产和消费革命，构建清洁低碳、安全高效的能源体系……倡导简约适度、绿色低碳的生活方式，反对奢侈浪费和不合理消费，开展创建节约型机关、绿色家庭、绿色学校、绿色社区和绿色出行等行动”等。在2020年10月29日召开的中国共产党第十九届中央委员会第五次全体会议上通过的《中共中央关于制定国民经济和社会发展第十四个五年规划和二〇三五年远景目标的建议》，对生态文明建设、绿色低碳发展及2035年社会主义现代化远景目标中有关低碳目标提出要求。

（2）以法律为基础

在法律层面，尽管我国尚未颁布应对气候变化的专项法律，但全国人大常委会制定和修订了《中华人民共和国节约能源法》（1997年颁布，分别于2007年、2016年、2018年修订）、《中华人民共和国可再生能源法》（2005年颁布，于2009年修订）、《中华人民共和国循环经济促进法》（2008年颁布，于2018年修订）、《中华人民共和国清洁生产促进法》（2002年颁布，于2012年修订）、《中华人民共和国森林法》（1984年颁布，分别于1998年、2009年、2019年修订）、《中华人民共和国草原法》（1985年颁布，分别于2002年、2009年、2013年修订）等一系列与应对气候变化相关的法律，从节能降耗、能源低碳转型、循环清洁发展、生态环境保护等方面为推动我国低碳发展奠定了法律基础。

（3）以规划（方案）为引领

2007年6月4日，我国发布《中国应对气候变化国家方案》，明确了应对气候变化的指导思想、基本原则、具体目标、重点领域、政策措施和步骤，完善了应对气候变化工作机制，实施了一系列应对气候变化的行动，为保护全球气候做出了积极贡献。

2011年12月1日，国务院印发《“十二五”控制温室气体排放工作方案》（国发〔2011〕41号），明确了“到2015年全国单位国内生产总值二氧化碳排放比2010

年下降17%……应对气候变化政策体系、体制机制进一步完善，温室气体排放统计核算体系基本建立，碳排放交易市场逐步形成。通过低碳试验试点，形成一批各具特色的低碳省区和城市，建成一批具有典型示范意义的低碳园区和低碳社区，推广一批具有良好减排效果的低碳技术和产品，控制温室气体排放能力得到全面提升”等主要目标；提出综合运用“加快调整产业结构”“大力推进节能降耗”“积极发展低碳能源”等多种控制措施，开展低碳发展试验试点，探索建立碳排放交易市场，加快建立温室气体排放统计核算体系等重点任务。

应对气候变化纳入国民经济和社会发展“十二五”规划、“十三五”规划。2011年3月16日，《中华人民共和国国民经济和社会发展第十二个五年规划纲要》发布，明确“非化石能源占一次能源消费比重达到11.4%。单位国内生产总值能源消耗降低16%，单位国内生产总值二氧化碳排放降低17%”主要约束目标。在“积极应对全球气候变化”部分提出：一是控制温室气体排放。综合运用调整产业结构和能源结构、节约能源和提高能效、增加森林碳汇等多种手段，大幅度降低能源消耗强度和二氧化碳排放强度，有效控制温室气体排放。合理控制能源消费总量，严格用能管理，加快制定能源发展规划，明确总量控制目标和分解落实机制。推进植树造林，新增森林面积1 250万公顷。二是增强适应气候变化能力。三是广泛开展国际合作。坚持共同但有区别的责任原则，积极参与国际谈判，推动建立公平合理的应对气候变化国际制度。加强气候变化领域国际交流和战略政策对话，在科学研究、技术研发和能力建设等方面开展务实合作，推动建立资金、技术转让国际合作平台和管理制度。

2016年3月17日，《中华人民共和国国民经济和社会发展第十三个五年规划纲要》发布，明确了“非化石能源占一次能源消费比重达到15%。单位国内生产总值能源消耗降低15%，单位国内生产总值二氧化碳排放降低18%”主要约束目标。在“积极应对全球气候变化”部分提出：一是有效控制温室气体排放。有效控制电力、钢铁、建材、化工等重点行业碳排放，推进工业、能源、建筑、交通等重点领域低碳发展。支持优化开发区域率先实现碳排放达到峰值。深化各类低碳试点，实施近零碳排放区示范工程。控制非二氧化碳温室气体排放。推动建设全国统一的碳排放交易市场，实行重点单位碳排放报告、核查、核证和配额管理制度。二是主动适应气候变化。三是广泛开展国际合作。坚持共同但有区别的责任原则、公平原则、各自能力原则，积极承担与我国基本国情、发展阶段和实际能力相符的国际义务，落实强化应对气候变化行动的国家自主贡献；积极参与应对全球气候变化谈判，推动建立公平合理、合作共赢的全球气候治理体系；深化气候变化多双边对话交流与务实合作等。

2014年9月，国务院正式批复同意《国家应对气候变化规划（2014—2020年）》（发改气候〔2014〕2347号）。根据该规划，到2020年，中国将全面完成单位国内生产总值二氧化碳排放比2005年下降40%～45%、非化石能源占一次能源消费的比重达到15%左右、森林面积和蓄积量分别比2005年增加4 000万公顷和13亿立方米的目标，工业生产过程等非能源活动温室气体排放得到有效控制，温室气体排放增速继续减缓。

2016年10月27日，《国务院关于印发"十三五"控制温室气体排放工作方案的通知》（国发〔2016〕61号）明确了"到2020年，单位国内生产总值二氧化碳排放比2015年下降18%，碳排放总量得到有效控制……支持优化开发区域碳排放率先达到峰值，力争部分重化工业2020年左右实现率先达峰，能源体系、产业体系和消费领域低碳转型取得积极成效。全国碳排放权交易市场启动运行，应对气候变化法律法规和标准体系初步建立，统计核算、评价考核和责任追究制度得到健全，低碳试点示范不断深化，减污减碳协同作用进一步加强，公众低碳意识明显提升"等主要目标；提出了低碳引领能源革命（包括加强能源碳排放指标控制、大力推进能源节约、加快发展非化石能源、优化利用化石能源等）、打造低碳产业体系、推动城镇化低碳发展、加快区域低碳发展、建设和运行全国碳排放权交易市场、加强低碳科技创新、强化基础能力支撑、广泛开展国际合作等重要举措。

3.2.2 碳达峰与碳中和目标明确

2014年11月，中国政府与美国政府在北京联合发表了《气候变化联合声明》（以下简称声明）。声明提出，中国计划2030年左右二氧化碳排放达到峰值且将努力早日达峰，并计划到2030年非化石能源占一次能源消费比重提高到20%左右。

2020年9月22日，国家主席习近平在第七十五届联合国大会一般性辩论上发表重要讲话，提出“应对气候变化《巴黎协定》代表了全球绿色低碳转型的大方向，是保护地球家园需要采取的最低限度行动，各国必须迈出决定性步伐。中国将提高国家自主贡献力度，采取更加有力的政策和措施，二氧化碳排放力争于2030年前达到峰值，努力争取2060年前实现碳中和”。

2020年10月29日，中国共产党第十九届中央委员会第五次全体会议通过《中共中央关于制定国民经济和社会发展第十四个五年规划和二〇三五年远景目标的建议》（以下简称《建议》）。《建议》提出“十四五”时期经济社会发展指导思想和必须遵循的原则，明确了“十四五”时期经济社会发展主要目标，涉及低碳方面要求“生态文明建设实现新进步……生产生活方式绿色转型成效显著，能源资源配置更加合理、利用效率大幅提高……”等；在“十、推动绿色发展，促进人与自然和谐共生”中提出“加快推进绿色低碳发展……推动能源清洁低碳安全高效利用……降低碳排放强度，支持有条件的地方率先达到碳排放峰值，制定二〇三〇年碳排放达峰行动方案”“全面实行排污许可制，推进排污权、用能权、用水权、碳排放权市场化交易……积极参与和引领应对气候变化等生态环保国际合作”等。《建议》提出2035年社会主义现代化远景目标，涉及低碳方面内容，如“广泛形成绿色生产生活方式，碳排放达峰后稳中有降，生态环境根本好转，美丽中国建设目标基本实现”。

2020年12月12日，国家主席习近平在气候雄心峰会上通过视频发表题为《继往开来，开启全球应对气候变化新征程》的重要讲话，宣布中国国家自主贡献一系列新举措。习近平主席提出3点倡议：第一，团结一心，开创合作共赢的气候治理新局面。在气候变化挑战面前，人类命运与共，单边主义没有出路。我们只有坚持多边主义，讲团结、促合作，才能互利共赢，福泽各国人民。中方欢迎各国支持《巴黎协定》、为应对气候变化做出更大贡献。第二，提振雄心，形成各尽所能的气候治理新体系。各国应该遵循共同但有区别的责任原则，根据国情和能力，最大程度强化行动。同时，发达国家要切实加大向发展中国家提供资金、技术、能力建设支持。第三，增强信心，坚持绿色复苏的气候治理新思路。绿水青山就是金山银山。

要大力倡导绿色低碳的生产生活方式，从绿色发展中寻找发展的机遇和动力。此外，习近平主席进一步宣布：到2030年，中国单位国内生产总值二氧化碳排放将比2005年下降65%以上，非化石能源占一次能源消费比重将达到25%左右，森林蓄积量将比2005年增加60亿立方米，风电、太阳能发电总装机容量将达到12亿千瓦以上。

2020年12月16—18日，中央经济工作会议在北京举行。习近平主席发表重要讲话，提出“做好碳达峰、碳中和工作”要求，即我国二氧化碳排放力争2030年前达到峰值，力争2060年前实现碳中和。要抓紧制定2030年前碳排放达峰行动方案，支持有条件的地方率先达峰。要加快调整优化产业结构、能源结构，推动煤炭消费尽早达峰，大力发展新能源，加快建设全国用能权、碳排放权交易市场，完善能源消费双控制度。要继续打好污染防治攻坚战，实现减污降碳协同效应。要开展大规模国土绿化行动，提升生态系统碳汇能力。

碳中和相关概念

根据政府间气候变化专门委员会（IPCC）发布的《全球变暖1.5℃特别报告》（*Global Warming of* 1.5℃，2018年10月）附件术语表，碳中和（Carbon neutrality）是指在特定时期，全球范围内二氧化碳的人为排放与清除相平衡，也称二氧化碳“净零排放”（Net-zero CO_2 emissions）；气候中和（Climate neutrality）是指人为活动对气候系统不造成净影响的状态，即残余排放量与排放清除相平衡的状态，其中排放清除还应考虑因人为活动影响地表反射率或区域气候而产生的区域性生物地球物理效应；“净零排放”（Net-zero emissions）是指在特定时期，温室气体的人为排放与清除相平衡。

全球已有30多个国家或地区提出碳中和（二氧化碳“净零排放”）或“净零排放”的目标或承诺，部分国家或地区承诺情况如表3-2所示。

表3-2　部分国家或地区关于碳中和目标或承诺要点

序号	国家/地区	目标日期	承诺性质	要点
1	欧盟	2050年	提交联合国	欧盟委员会于2019年12月公布《欧洲绿色协议》，提出到2050年欧洲在全球范围内率先实现“净零排放”
2	加拿大	2050年	政策宣示	特鲁多总理于2019年10月连任，其政纲是以气候行动为中心，承诺“净零排放”目标，并制定具有法律约束力的五年一次的碳预算
3	美国 加利福尼亚州	2045年	行政命令	加利福尼亚州的经济体量是世界第五大经济体。前州长杰里·布朗在2018年9月签署了碳中和令，且几乎同时通过了一项法律，在2045年前实现电力100%可再生
4	法国	2050年	法律规定	法国国民议会于2019年6月27日投票将“净零排放”目标纳入法律。2020年新成立的气候高级委员会建议法国必须将减排速度提高三倍，以实现碳中和目标
5	德国	2050年	法律规定	德国第一部关于气候的法律于2019年12月生效，这项法律的导言指出，德国将在2050年前“追求”温室气体中立
6	日本	2050年	政策宣示	2020年12月25日公布了一项绿色增长计划，2030年代中期以电动汽车取代新型汽油动力汽车；2050年一半以上的电力来自可再生能源。而具有碳捕获技术的核电站和热电厂将满足全国剩余30%～40%的电力需求
7	新西兰	2050年	法律规定	新西兰最大的排放源是农业。2019年11月通过的一项法律为除生物甲烷（主要来自绵羊和牛）以外的所有温室气体设定了净零目标，到2050年，生物甲烷将在2017年的基础上减少24%～47%

续表

序号	国家/地区	目标日期	承诺性质	要点
8	新加坡	21世纪后半叶尽早的时间	提交联合国	与日本一样，新加坡也避免承诺明确的脱碳日期，但将其作为2020年3月提交联合国的长期战略的最终目标。到2040年，内燃机车将逐步淘汰，取而代之的是电动汽车
9	南非	2050年	政策宣示	南非政府于2020年9月公布了低排放发展战略（LEDS），概述了到2050年成为净零经济体的目标
10	韩国	2050年	政策宣示	韩国执政的民主党在2020年4月的选举中以压倒性优势重新执政。选民支持其“绿色新政”，即在2050年前使经济脱碳，并结束煤炭融资。韩国约40%的电力来自煤炭，一直是海外煤电厂的主要融资国

3.2.3 碳排放权交易市场

2011年3月，《中华人民共和国国民经济和社会发展“十二五”规划纲要》（以下简称“十二五”规划）明确要求逐步建立碳排放权交易市场。同年11月29日，国家发展和改革委员会（以下简称国家发展改革委）办公厅印发《关于开展碳排放权交易试点工作的通知》，为落实“十二五”规划关于逐步建立国内碳排放交易市场的要求，推动运用市场机制以较低成本实现2020年中国控制温室气体排放行动目标，加快经济发展方式转变和产业结构升级，正式批准北京、天津、上海、重庆、湖北、广东及深圳等省市开展碳排放权交易试点工作。

2013年11月，党的十八届三中全会通过的《中共中央关于全面深化改革若干重大问题的决定》，将推行碳排放权交易制度，建设全国碳市场作为全面深化改革的重点任务之一。

2014年国家发展改革委颁布《碳排放权交易管理暂行办法》（国家发展改革委令　第17号）对排放配额和国家核证自愿减排量的交易活动进行了框架性的规定，明确了全国碳市场建立的主要思路和管理体系，包括配额管理、排放权交易、核查与配额清缴、监督管理、法律责任等。该办法作为第一份适用于中国国家碳市场的文件，释放了国家碳市场建设起步的明确信号，为后续一系列相关工作的开展提供了重要支撑。

2013—2015年，国家发展改革委分三批印发了24个行业的温室气体核算和报告指南，其中包括《中国发电企业温室气体排放核算方法与报告指南（试行）》和《中国电网企业温室气体排放核算方法与报告指南（试行）》。

2015年9月，《中美元首气候变化联合声明》提出，中国于2017年启动全国碳排放权交易体系。同年11月，习近平主席在巴黎气候变化大会上提出把建立全国碳排放交易市场作为应对气候变化的重要举措。

2016年1月，国家发展改革委印发《关于切实做好全国碳排放权交易市场启动重点工作的通知》（发改办气候〔2016〕57号），组织各地方、有关部门、行业协会和中央管理企业开展拟纳入碳市场企业的历史碳排放核算报告与核查、培育和遴选第三方核查机构、相关方能力建设等全国碳市场启动的重点工作。同年3月，第十二届全国人民代表大会第四次会议批准《中华人民共和国国民经济和社会发展第十三个五年规划纲要》，提出“推动建设全国统一的碳交易市场，实行重点单位碳排放报告、核查、核证和配额管理制度”。同年10月，《国务院印发“十三五”控制温室气体排放工作方案的通知》（国发〔2016〕61号）在“建设和运行全国碳排放权交易市场”部分提出“建立全国碳排放权交易制度，启动运行全国碳排放权交易市场，强化全国碳排放权交易基础支撑能力”。

2017年12月，国家发展改革委印发《关于做好2016、2017年度碳排放报告与核查及排放监测计划制定工作的通知》（发改办气候〔2017〕1989号）。此外，国家发展改革委还组织制定《企业碳排放报告管理办法》和《碳排放权第三方核查机构管理办法》等配套制度；制定完善配额分配方法，完成电力、电解铝和水泥行业部分企业配额分配试算；开展全国碳排放权注册登记系统和交易系统联合建设；研究推进清洁发展机制和温室气体自愿减排交易机制改革等。

2017年12月18日，国家发展改革委关于印发《全国碳排放权交易市场建设方案（发电行业）》的通知（发改气候规〔2017〕2191号）。该方案将排放量每年2.6万吨二氧化碳当量、1万吨标准煤综合能耗的企业纳入重点排放单位；提出分三阶段稳步推进碳市场建设工作：一是基础建设期。用一年左右的时间，完成全国统一的数据报送系统、注册登记系统和交易系统建设。深入开展能力建设，提升各类主体参与能力和管理水平。开展碳市场管理制度建设。二是模拟运行期。用一年左右的时间，开展发电行业配额模拟交易，全面检验市场各要素环节的有效性和可靠性，强化市场风险预警与防控机制，完善碳市场管理制度和支撑体系。三是深化完善期。在发电行业交易主体间开展配额现货交易。交易仅以履约（履行减排义务）为目的，履约部分的配额予以注销，剩余配额可跨履约期转让、交易。在发电行业碳市场稳定运行的前提下，逐步扩大市场覆盖范围，丰富交易品种和交易方式。明确了各主体任务，即国务院发展改革部门与相关部门共同对碳市场实施分级监管；国务院发展改革部门会同相关行业主管部门制定配额分配方案和核查技术规范并监督执行；各相关部门根据职责分工分别对第三方核查机构、交易机构等实施监管；省级、计划单列市应对气候变化主管部门监管本辖区内的数据核查、配额分配、重点排放单位履约等工作。

2019年3月，生态环境部公布《碳排放权交易管理暂行条例（征求意见稿）》，标志着全国碳市场立法工作和制度建设取得了重要进展，将为全国碳市场建设提供政策基础和律法保障。

2020年12月29日，生态环境部发布《关于印发〈2019—2020年全国碳排放权交易配额总量设定与分配实施方案（发电行业）〉〈纳入2019—2020年全国碳排放权交易配额管理的重点排放单位名单〉并做好发电行业配额预分配工作的通知》（国环规气候〔2020〕3号）。在配额总量方面，省级生态环境主管部门根据本行政区域内重点排放单位2019—2020年的实际产出量以及本方案确定的配额分配方法及碳排放基准值，核定各重点排放单位的配额数量。将核定后的本行政区域内各重点排放单位配额数量进行加总，形成省级行政区域配额总量。将各省级行政区域配额总量加总，最终确定全国配额总量。在分配方法方面，对2019—2020年配额实行全部免费分配，并采用基准法核算重点排放单位所拥有机组的配额量。重点排放单位的配额量为其所拥有各类机组配额量的总和。采用基准法核算机组配额总量的公式为：机组配额总量=供电基准值×实际供电量×修正系数+供热基准值×实际供热量。考虑机组固有的技术特性等因素，通过引入修正系数进一步提高同一类别机组配额分配的公平性。在配额发放方面，省级生态环境主管部门根据配额计算方法及预分配流程，按机组2018年度供电（热）量的70%，通过全国碳排放权注册登记结算系统向本行政区域内的重点排放单位预分配2019—2020年的配额。在完成2019年和2020年碳排放数据核查后，按机组2019年和2020年实际供电（热）量对配额进行最终核定。核定的最终配额量与预分配的配额量不一致的，以最终核定的配额量为准，通过注册登记结算系统实行多退少补。该通知公布了纳入2019—2020年全国碳排放权交易配额管理的重点排放单位名单，根据筛选原则，纳入发电行业重点排放单位共计2 225家。

2020年12月31日，生态环境部发布《碳排放权交易管理办法（试行）》，包括总则、温室气体重点排放单位、分配与登记、排放交易、排放核查与配额清缴、监督管理、罚则、附则八章四十三条，适用于碳排放配额分配和清缴，碳排放权登记、交易、结算，温室气体排放报告与核查等活动，以及对前述活动的监督管理，为落实和推进全国碳排放权交易市场建设、促进碳市场在应对气候变化和促进绿色低碳发展中的市场机制作用，以及规范全国碳排放权交易及相关活动奠定了法律基础。

3.2.4 能源电力结构调整

优化调整能源电力结构，促进以风电、太阳能发电为代表的新能源的开发利用，是落实我国低碳发展目标的重要途径。

以《中华人民共和国可再生能源法》的颁布为标志，中国新能源相关法规政策加快制定出台，逐步形成了涵盖《可再生能源法》、各项发展规划、行政法规、部门规章、技术规范及标准等各层面的法规政策体系。中国新能源和可再生能源法规政策体系及管理体系见图3-1。

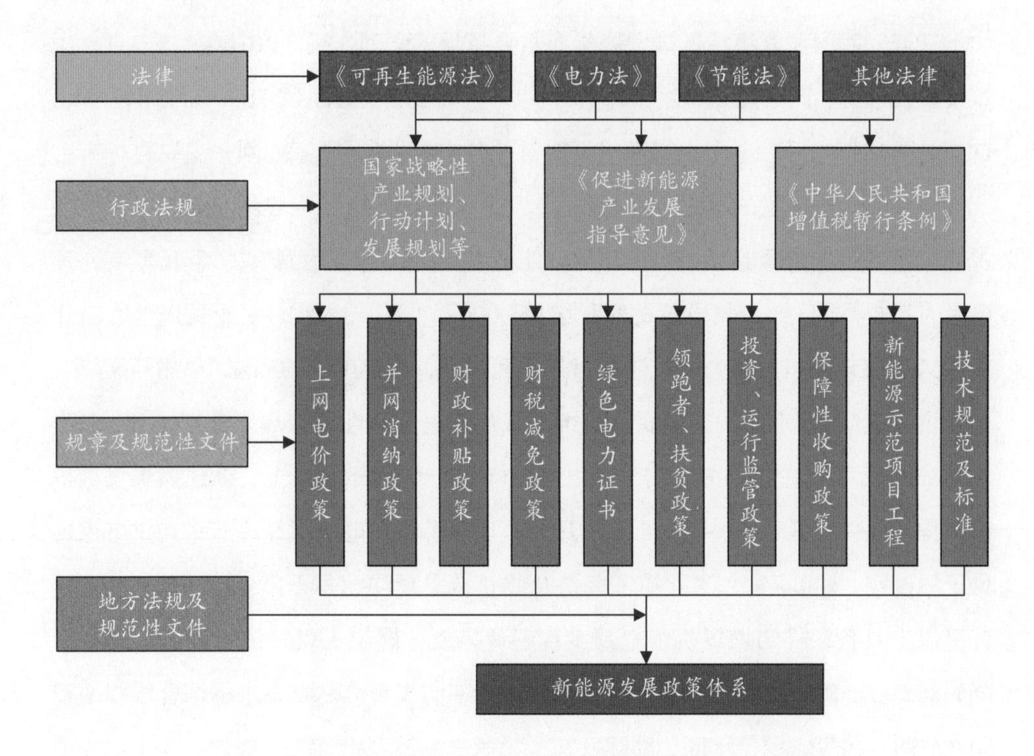

图3-1　中国新能源和可再生能源法规政策体系及管理体系

在规划制定方面。早在2007年8月31日，国家发展改革委印发《可再生能源中长期发展规划》（发改能源〔2007〕2174号），提出到2020年期间可再生能源发展的指导思想、主要任务、发展目标、重点领域和保障措施。其中，针对风电和太阳能的具体发展目标是，到2020年全国风电总装机容量达到3 000万千瓦、太阳能发电总容量达到180万千瓦，目前发展已大大超过预期。同时，该规划还提出了实施保障措施，包括对非水可再生能源发电制定强制性市场份额目标、各相关单位需承担促进可再生能源发展责任和义务、制定电价和费用分摊政策、加大财政投入和税收优惠力度、加快技术进步及产业发展等，上述保障措施在后续实施中逐步得到落实。作为首部针对可再生能源发展的战略性规划，《可再生能源中长期发展规划》起到了基础性、指引性的作用。“十三五”时期，国家能源局开展了能源发展系列规划编制工作，其中电力、水电、风电、太阳能等专项规划的发布实施，对“十三五”我国能源清洁低碳发展具有重要指导意义和作用。2016年11月7日，国家发展改革委、国家能源局发布《电力发展“十三五”规划（2016—2020年）》，这是时隔15年之后，电力主管部门再次对外公布电力发展5年规划，主要目标有：2020年全社会用电量6.8万亿～7.2万亿千瓦时，全国发电装机容量20亿千瓦，电能占终端能源消费比重达到27%；非化石能源发电装机容量达到7.7亿千瓦左右，发电量占比提高到31%，气电装机容量增加5 000万千瓦，达到1.1亿千瓦以上，占比超过5%，煤电装机容量力争控制在11亿千瓦以内，占比降至约55%，单循环调峰气电新增规模500万千瓦，热电联产机组和常规煤电灵活性改造规模分别达到1.33千瓦和8 600万千瓦左右；力争淘汰火电落后产能2 000万千瓦以上，新建燃煤发电机组平均供电煤耗低于300克标准煤/千瓦时，现役燃煤发电机组经改造平均供电煤耗低于310克；火电机组二氧化硫和氮氧化物排放总量均力争下降50%以上，30万千瓦级以上具备条件的燃煤机组全部实现超低排放，燃煤机组二氧化碳排放强度下降到865克/千瓦时左右，火电厂废水排放达标率实现百分之百，电网综合线损率控制在6.5%以内等。同年年底，陆续发布了《风电发展“十三五”规划》《水电发展“十三五”规划》《太阳能发展“十三五”规划》。

电价及补贴方面。2006年1月4日，国家发展改革委印发《可再生能源发电价格和费用分摊管理试行办法》（发改价格〔2006〕7号），明确提出了“可再生能源发电价格实行政府定价和政府指导价两种形式。政府指导价即通过招标确定的中标价格。可再生能源发电价格高于当地脱硫燃煤机组标杆上网电价的差额部分，在全国省级及以上电网销售电量中分摊”。此后，国家发展改革委针对陆上风电项目、海上风电项目、光伏发电项目、太阳能热发电项目、可再生能源项目电价附加费等陆续出台了相关电价政策，并且依据新能源发电技术成本和产业发展及时调整相应电价。2009年以来中国风电和2011年以来中国太阳能发电上网电价水平见图3-2和图3-3。

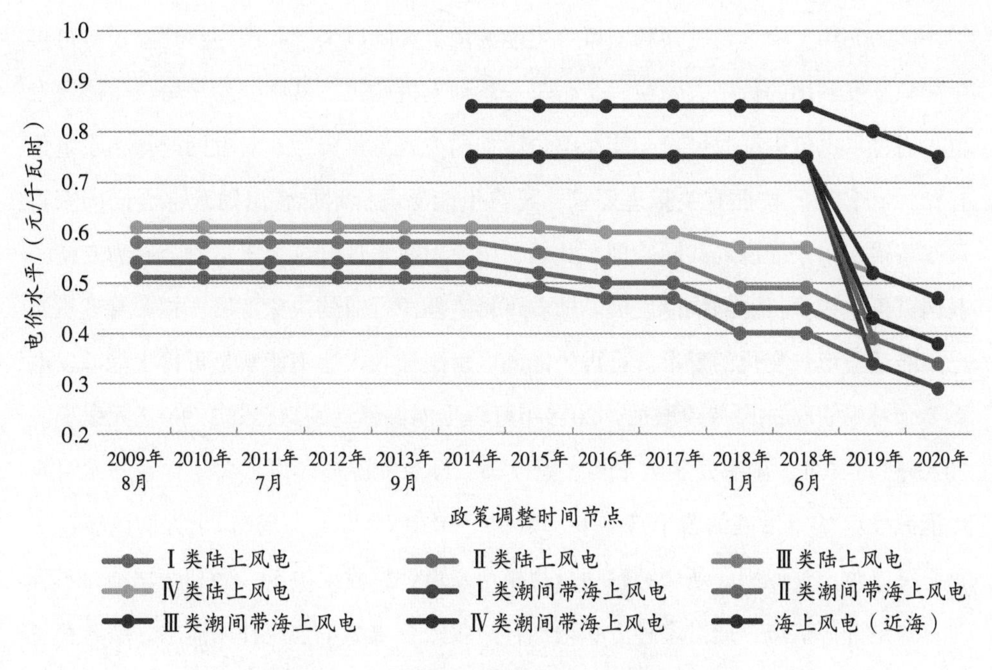

图3-2　2009年以来中国风电上网电价水平

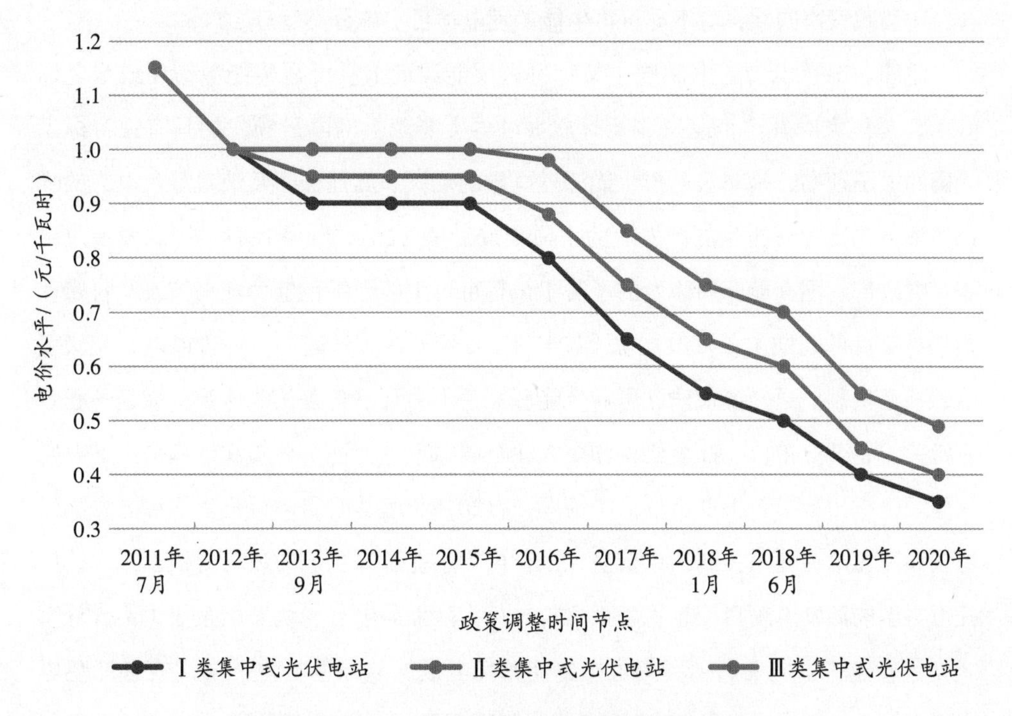

图3-3　2011年以来中国太阳能发电上网电价水平

自2006年《中华人民共和国可再生能源法》实施以来，我国逐步建立了对可再生能源开发利用的价格、财税、金融等一系列支持政策。其中，对于可再生能源发电，通过从电价中征收可再生能源电价附加的方式筹集资金，对上网电量给予电价补贴。2012年，按照有关管理要求，可再生能源电价附加转由财政部会同国家发展改革委、国家能源局共同管理。此后，中央财政累计安排超千亿资金有力支持了我国可再生能源行业的快速发展。随着可再生能源行业的快速发展，相关管理机制已不能适应形势变化的要求。可再生能源电价附加收入远不能满足可再生能源发电需要，补贴资金缺口持续增加，2019年可再生能源累计缺口已达3 000亿元以上。2020年1月20日，国家发展改革委、财政部、国家能源局印发《关于促进非水可再生能源发电健康发展的若干意见》（财建〔2020〕4号），提出4个方面内容：一是坚持以收定支原则，新增补贴项目规模由新增补贴收入决定，做到新增项目不新欠；二是开源节流，通过多种方式增加补贴收入、减少不合规补贴需求，缓解存量项目补贴压力；三是凡符合条件的存量项目均纳入补贴清单；四是部门间相互配合，增强政策协同性，对不同可再生能源发电项目实施分类管理。

此外，绿色电力证书制度（又称可再生能源证书、可再生能源信用或绿色标签），是国家对发电企业每兆瓦时非水可再生能源上网电量颁发的具有独特标识代码的电子证书，是非水可再生能源发电量的确认和属性证明及消费绿色电力的唯一凭证，是支撑可再生能源发展的一项政策工具。2017年1月18日，国家发展改革委、财政部、国家能源局印发的《关于试行可再生能源绿色电力证书核发及自愿认购交易制度的通知》（发改能源〔2017〕132号），要求进一步完善风电、光伏发电的补贴机制。通知要求建立可再生能源绿色电力证书自愿认购体系，鼓励各级政府机关、企事业单位、社会机构和个人在全国绿色电力证书核发和认购平台上自愿认购绿色电力证书，根据市场认购情况，自2018年起适时启动可再生能源电力配额考核和绿色电力证书强制约束交易；试行可再生能源绿色电力证书的核发工作，依托可再生能源发电项目信息管理系统，试行为陆上风电、光伏发电企业（不含分布式光伏发电，下同）所生产的可再生能源发电量发放绿色电力证书；完善绿色电力证书的自愿认购规则，认购价格按照不高于证书对应电量的可再生能源电价附加资金补贴金额由买卖双方自行协商或者通过竞价确定认购价格；做好绿色电力证书自愿认购责任分工等。根据中国绿色电力证书认购交易平台网站统计，截至2021年1月15日，中国累计核发风电和光伏绿色电力证书超过0.27亿张，但实际成交量占比仅0.15%。

3.2.5 低碳技术创新

低碳技术创新与进步对能源电力低碳发展发挥着重要作用，国家在科技规划、产业指导、技术目录等方面制定出台了多项政策性文件推动节能低碳的电力技术创新、示范与应用。

在科技规划方面，主要是鼓励和支持高效煤电技术、碳捕集利用和封存技术等。如《国家中长期科学和技术发展规划纲要（2006—2020年）》将“主要行业二氧化碳、甲烷等温室气体的排放控制与处置利用技术”列入环境领域优先主题，并在先进能源技术方向提出“开发高效、清洁和二氧化碳近零排放的化石能源开发利用技术”；《国家“十二五”科学和技术发展规划》提出“发展二氧化碳捕集利用与封存等技术”；《中国应对气候变化科技专项行动》《国家“十二五”应对气候变化科技发展专项规划》均将“二氧化碳捕集、利用与封存技术”列为重点支持、集中攻关和示范的重点技术领域；此后，《科技部关于印发“十二五”国家碳捕集利用与封存科技发展专项规划的通知》（国科发社〔2013〕142号）、《关于加强碳捕集、利用和封存试验示范项目环境保护工作的通知》（环办〔2013〕101号）、《国家发展改革委关于推动碳捕集、利用和封存试验示范的通知》（发改气候〔2013〕849号）等政策陆续出台，对碳捕集、利用和封存的技术和试验示范提出了具体要求。

在产业技术方面，国家发展改革委先后于2005年、2011年、2013年、2019年4次发布《产业结构调整指导目录》。其中，2019年10月30日，《产业结构调整指导目录（2019年本）》（国家发展改革委令　第29号），鼓励“单机60万千瓦及以上超超临界机组电站建设”“降低输、变、配电损耗技术开发与应用”“火力发电机组灵活性改造”“传统能源与新能源发电互补技术开发及应用”等28项电力项目和

16项新能源项目；限制“大电网覆盖范围内，发电煤耗高于300克标准煤/千瓦时的湿冷发电机组，发电煤耗高于305克标准煤/千瓦时的空冷发电机组”等2项电力项目；淘汰“不达标的单机容量30万千瓦级及以下的常规燃煤火电机组（综合利用机组除外）、以发电为主的燃油锅炉及发电机组”等。

在节能低碳技术目录方面，国家发展改革委陆续发布了《国家重点推广的低碳技术目录》（国家发展改革委公告2014年第13号）、《国家重点推广的低碳技术目录（第二批）》（国家发展改革委公告2015年第31号）、《国家重点节能低碳技术推广目录（2016年本，节能部分）》（国家发展改革委公告2016年第30号）、《国家重点节能低碳技术推广目录》（2017年本低碳部分）（国家发展改革委公告2017年第3号）；2019年12月6日，生态环境部《关于开展第4批〈国家重点推广的低碳技术目录〉征集工作的通知》（环办气候函〔2019〕900号），持续征集和推广技术成熟、经济合理的低碳技术。

3.2.6 加强低碳管理

（1）深化需求侧管理

需求侧管理（DSM）是为提高电力资源利用效率，改进用电方式，实现科学用电、节约用电、有序用电所开展的活动。DSM兴起于20世纪七八十年代的北美、欧洲等地的发达国家，90年代开始在我国推行，目的是克服由于经济体制变化、资源短缺、燃料价格上涨、资金困难、环境挑战、电站选址困难等对电力规划和电力供应造成的种种不确定性因素，挖掘资源潜力，以最低的成本实现电力供应，降低对电量和电力的需求，尽可能延缓新电厂和电力设施建设，提高供电可靠性和经济性。

1995年起，原国家电力公司开始在华北、北京、天津、福建、辽宁等电网进行DSM试点研究。“十五”初期，中国电力供需出现总体紧张、部分地区严重缺电的局面。2000年，《节约用电管理办法》以法规形式纳入了电力需求侧管理。2004年，《加强电力需求侧管理工作的指导意见》进一步规范了电力需求侧管理工作。为进一步加强电力需求侧管理工作，深入贯彻落实国家节能减排战略，2010年11月国家发展改革委、国家电力监管委员会等六部委联合印发《电力需求侧管理办法》（发改运行〔2010〕2643号）明确了电力需求侧管理工作的责任主体和实施主体，提出了电力需求侧管理工作的16项管理措施和激励措施，是至今最为全面的、具体的、权威的、专门性的电力需求侧管理行政性法规。2011年4月，国家发展改革委发布《有序用电管理办法》，是对《电力需求侧管理办法》在用电负荷管理方面规定的进一步落实。此外在配套的电价政策、专项资金补助方面出台了与DSM相关的经济政策。2014年国家电网有限公司、南方电网公司均超额完成电力需求侧管理目标任务（《电力需求侧管理办法》明确电力需求侧管理的责任落实单位为电网公司，要求电网公司的电力电量节约指标不低于上年售电量的0.3%、最大用电负荷的0.3%），共节约电量131亿千瓦时，节约电力295万千瓦。

2016年9月1日，工业和信息化部发布《关于印发工业领域电力需求侧管理专项行动计划（2016—2020年）的通知》（工信厅运行函〔2016〕560号）。通知提出，通过5年的时间，组织全国万家工业企业参与专项行动，千家企业贯彻实施电力需求侧管理工作指南，打造百家电力需求侧管理示范企业，进一步优化电力资源配置，提升工业能源消费效率，到2020年，实现参与行动的工业企业单位增加值电耗平均水平下降10%以上；明确了五大任务，包括制定工业领域电力需求侧管理工作指南、建设工业领域电力需求侧管理系统平台、推进工业领域电力需求侧管理示范推广、支持电力需求侧管理技术创新及产业化应用，以及加快培育电能服务产业，并制定了进度安排表。

2017年9月20日，国家发展改革委等6部门联合发布的《关于深入推进供给侧结构性改革做好新形势下电力需求侧管理工作的通知》（发改运行规〔2017〕1690号）明确了：一是国家发展改革委负责全国电力需求侧管理工作，县级以上人民政府经济运行主管部门负责本行政区域内的电力需求侧管理工作。国务院有关部门、各地区县级以上人民政府有关部门在各自职责范围内开展和参与电力需求侧管理。二是电网企业、电能服务机构、售电企业、电力用户是电力需求侧管理的重要实施主体，应依法依规开展电力需求侧管理工作。三是提出环保用电，是指充分发挥电能清洁环保、安全便捷等优势，在需求侧实施电能替代燃煤、燃油、薪柴等，促进能源消费结构优化和清洁化发展，支持大气污染治理。四是综合考虑电力市场建设、技术经济性、节能环保效益等因素，因地制宜、有序推进各领域电能替代，重点推进京津冀等大气污染严重地区的“煤改电”工作以及北方地区的电供暖工作。实施电能替代新增电力电量需求应优先通过可再生能源电力满足，并在电网企业年度电力电量节约指标完成情况考核中予以合理扣除，对于通过可再生能源满足的电能替代新增电力电量，计入电网企业年度节约电力电量指标。

国家发展改革委分别于2018年、2019年发布了2017年度和2018年度电网企业实施电力需求侧管理目标责任完成情况。其中，2018年，国家电网有限公司、中国南方电网有限责任公司均完成电力需求侧管理目标任务，共节约电量164.4亿千瓦时，节约电力410.2万千瓦。

（2）夯实统计核算

2013年，国家发展改革委、国家统计局联合印发了《关于加强应对气候变化统计工作意见的通知》（发改气候〔2013〕937号）和《关于开展应对气候变化统计工作的通知》（发改气候〔2013〕80号）；2014年，国家统计局印发了《应对气候变化统计工作方案》，提出了应对气候变化统计指标体系，制定了《应对气候变化部门统计报表制度》，对加强国家应对气候变化工作起到了重要作用。从已经开展的国家应对气候变化统计看，要求电力行业每年报送火力发电企业温室气体相关情况，用于全国温室气体统计核算，主要指标包括燃料平均收到基含碳量、燃料平均收到基低位发热量、锅炉固体未完全燃烧热损失百分率、脱硫石灰石消耗量、脱硫石灰石纯度。

在此基础上，2014年3月18日，国家能源局发布《燃煤电厂二氧化碳排放统计指标体系》（DL/T 1328—2014），适用于燃煤电厂发电和供热生产过程中二氧化碳排放数据的收集和统计。国家发展改革委于2013—2015年先后发布了3批共24个行业的温室气体排放核算方法与报告指南，其中，包括《中国发电企业温室气体排放核算方法与报告指南（试行）》《中国电网企业温室气体排放核算方法与报告指南（试行）》（发改办气候〔2013〕2526号）等。此后，国家发展改革委应对气候变化司提出、全国碳排放管理标准化技术委员会（SAC/TC 548）归口、中国标准化研究院等单位联合起草了国家标准《温室气体排放核算与报告要求　第1部分：发电企业》和《温室气体排放核算与报告要求　第2部分：电网企业》，并于2015年11月19日由国家质量监督检验检疫总局和国家标准化管理委员会发布，标准号分别为GB/T 32151.1—2015和GB/T 32151.2—2015。该两项标准自2016年6月1日起实施，是发电企业和电网企业温室气体排放核算与报告的依据。

（3）强化考核评估

2014年8月，国家发展改革委制定了《单位国内生产总值二氧化碳排放降低目标责任考核评估办法》（发改气候〔2014〕1828号），要求对各地单位国内生产总值二氧化碳排放降低目标完成情况进行考核，对落实各项目标责任进行评估，以确保实现"十二五"碳强度降低目标。根据该考核评估办法，考核评估对象为各省级行政区人民政府；考核内容为单位地区生产总值二氧化碳排放降低目标完成情况，评估内容为任务与措施落实情况、基础工作与能力建设落实情况等；五年为一个考核评估期，采用年度考核评估和期末考核评估相结合的方式进行；考核步骤为考核对象自评、初步审核、现场评价考核、考核结果审定与公布。

2015年4月20日，国家发展改革委印发《关于开展2014年度单位国内生产总值二氧化碳排放降低目标责任考核评估的通知》（发改办气候〔2015〕958号），对省级人民政府开展2014年度单位国内生产总值二氧化碳排放降低目标责任考核评估。同年9月25日，国家发展改革委印发《关于2014年度各省（区、市）单位地区生产总值二氧化碳排放降低目标责任考核评估结果的通知》（发改办气候〔2015〕2522号），发布考核评估结果为：北京、天津、河北、山西、内蒙古、辽宁、吉林、上海、江苏、浙江、安徽、湖北、广东、广西、重庆、四川、贵州、云南和陕西19个省级行政区考评等级为优秀；黑龙江、福建、江西、山东、河南、湖南、海南、甘肃、青海和宁夏10个省级行政区考评等级为良好；西藏和新疆考评等级为合格。

2017年12月29日，国家发展改革委印发《关于2016年度省级人民政府控制温室气体排放目标责任考核评价结果的公告》（国家发展改革委公告2017年第25号），评估结果为：北京、天津、山西、内蒙古、上海、江苏、浙江、安徽、福建、河南、湖北、广东、重庆和四川14个省级行政区考评等级为优秀；河北、吉林、黑龙江、江西、山东、湖南、海南、贵州、云南、陕西、甘肃、宁夏和新疆13个省级行政区考评等级为良好；辽宁、广西、西藏、青海4个省级行政区考评等级为不合格。

此后，在《国务院关于印发“十三五”节能减排综合工作方案的通知》（国发〔2016〕74号）、《关于印发〈“十三五”全民节能行动计划〉的通知》（发改环资〔2016〕2705号）等政策文件中提出了强化考核问责方面的要求。

4 中国低碳电力政策评估

从中国低碳政策发展历程来看，政策定位从参与到贡献再到引领，政策站位既要立足国内又要面向世界更要统筹国际国内，政策目标从碳强度降低到碳达峰再到碳中和，政策领域涵盖市场、财税、结构、产业、区域、技术、工程、统计、考核、培训、国际合作等经济社会领域的方方面面，特别是针对能源电力低碳转型发挥了巨大的引导和约束作用，有力支撑了我国经济社会低碳发展，有效促进了我国生态文明建设。可以说，中国低碳政策在全面性、系统性、指导性、科学性上已达到世界先进国家行列。与此同时，以中国能源电力为主导的低碳转型发展又推动了低碳政策与时俱进和不断完善，进而提升了经济社会整体低碳水平。

4.1 低碳电力成为实现低碳目标的核心和基础

4.1.1 电力低碳转型取得明显成效

在碳达峰与碳中和目标下，在推进可再生能源发展的各项政策的引导和支撑下，以风电和太阳能发电为代表的中国新能源，在技术条件、产业条件和成本经济性等方面已具备了实现碳达峰与碳中和的最重要基础和动力。

2006—2019年，风力发电装机由207万千瓦增长到20 915万千瓦，增长了约101倍，发电量增长了约71倍；太阳能发电装机由2011年的212万千瓦增长到20 418万千瓦，增长了约96倍，发电量增长了约373倍；风电及光伏发电的造价分别由2011年的8 231元/千瓦、14 881元/千瓦分别下降到7 862元/千瓦、5 827元/千瓦，上网电价由2009年的0.51元/千瓦时（风电Ⅰ类资源区）、2011年的1.15元/千瓦时（光伏Ⅰ类资源区）下降到2020年的0.29元/千瓦时、0.35元/千瓦时（风光Ⅰ类资源区）（图4-1）。非化石能源消费占一次能源消费的比重不断提高，2019年已经达到

15.3%。新能源发展的规模效应、技术创新发展，显著促进了成本下降，使得新能源与传统能源在经济上逐步有了同台竞争的条件。而且，从现有技术发展趋势看，新能源的经济性还有较大的挖掘空间，给中国实现碳中和创造了最重要的基础和条件。

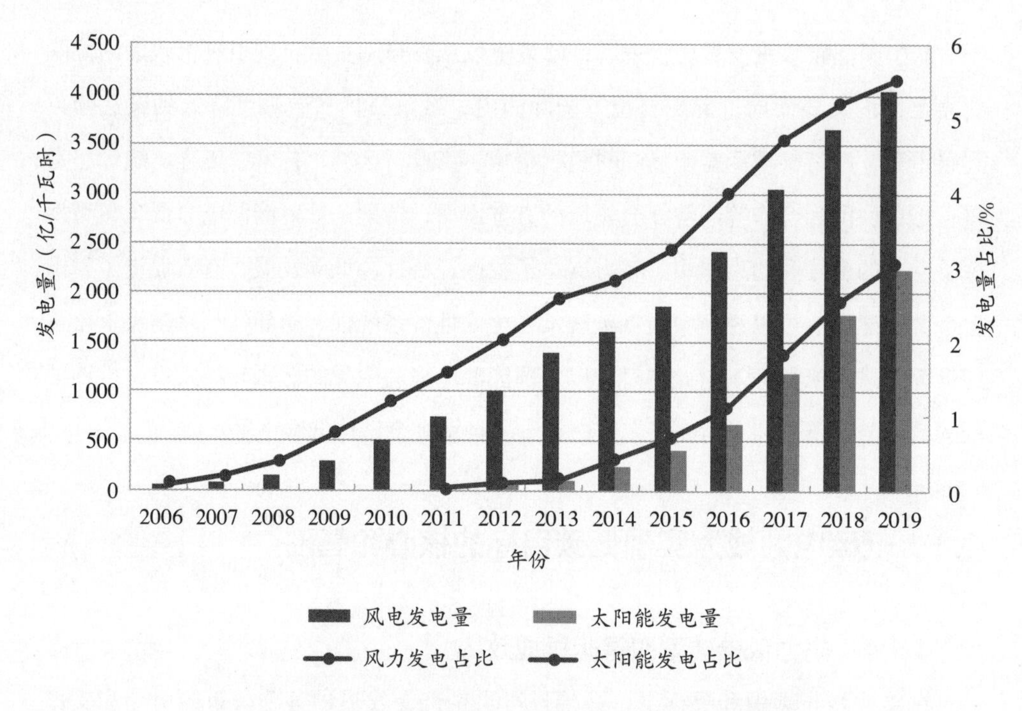

图4-1　2006—2019年中国风电、太阳能发电发展情况

驱动能源低碳转型的动力不仅是应对气候变化的要求，还是解决能源资源短缺和保障能源安全的要求，从经济驱动力来看有强大的生命力。能源转型的驱动力已由被动的政策驱动型向主动的市场驱动型发展。此外，中国已经构建了生态文明建设的理论体系和制度框架，以促进新能源发展为标志的法律体系、政策体系、技术体系、产业体系等不断发展和完善，给新能源发展提供了制度保障。

4.1.2 电力为社会低碳转型提供保障

首先，中国解决了几十年来低水平用电下的大面积电力短缺问题。2019年中国人均装机达到1.44千瓦/人，人均用电量达到5 186千瓦时/人，超过世界人均水平，解决了无电人口的用电问题，使电力供应基本满足国民经济和社会发展的需要。1978—2018年中国人均用电量和人均生活用电量情况见图4–2。

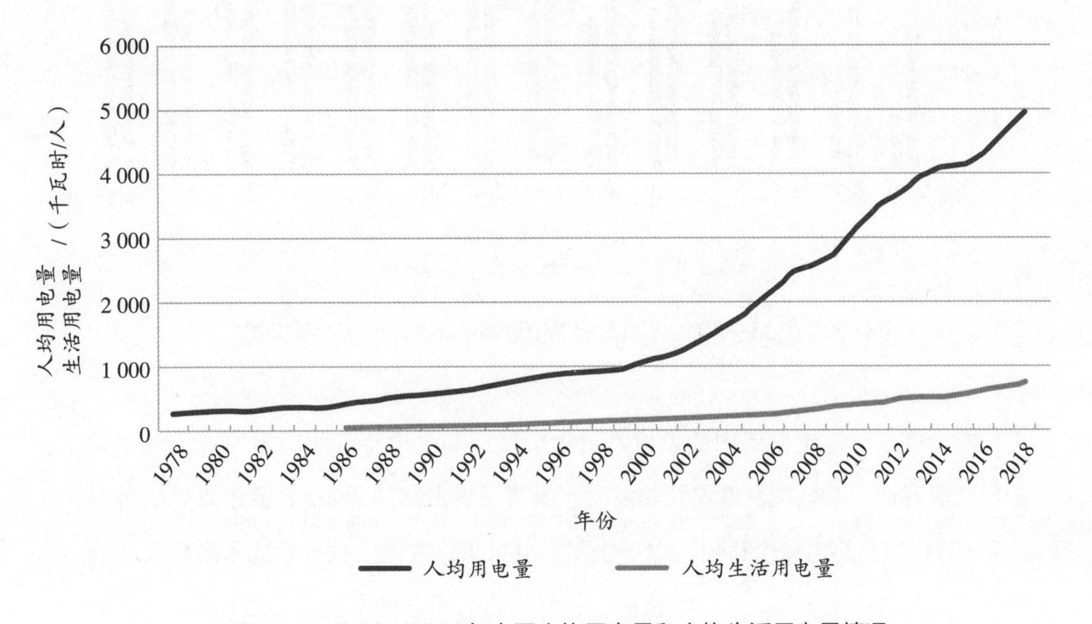

图4–2　1978—2018年中国人均用电量和人均生活用电量情况

其次，建成了以特高压为骨干网架、全国联网、各电压等级相互协调的坚强电网，智能电网技术不断发展，为电力系统的安全稳定运行提供了基础。

最后，已建成的10亿千瓦级的高效而年轻的煤电系统，既是能源电力低碳转型的最大阻碍，也是当前中国能源系统优化、促进低碳电力发展、维护电力系统安全稳定运行的坚强支撑。

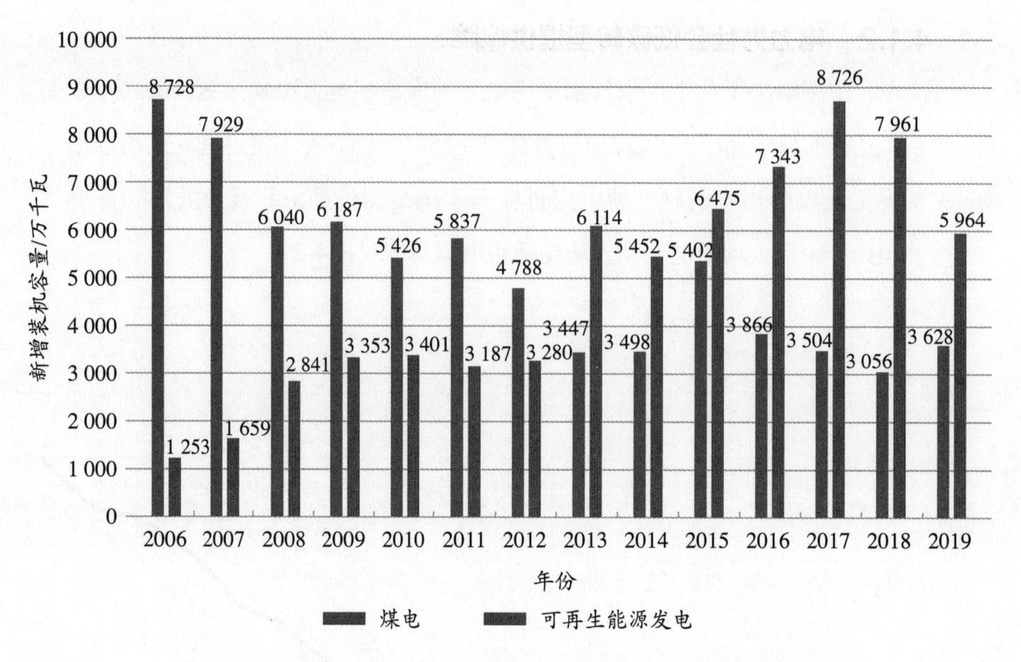

图4-3　2006—2019年中国煤电和可再生能源发电新增装机情况

中国煤电在低碳发展中的矛盾是由中国能源和电力特点所决定的：①中国煤炭年消费量约为40亿吨，电煤及热电联产供热用煤占比约为60%，其中煤电机组中约47%的机组是热电联产机组，由于中国煤电机组能效处于世界领先水平并成功地控制了大气污染物排放，如二氧化硫、氮氧化物、烟尘年排放总量都下降到百万吨级以下。煤电热电联产的不断发展，成为中国几十年来改善煤烟型污染的最大功臣。②中国煤电机组的平均运行年龄约12年，显著低于欧美国家煤电平均运行40年的情况，大规模淘汰煤电显然为时尚早。③如果过早以新能源大量替代煤电，不仅电力系统的安全稳定运行受到严重影响，经济社会的运行也会受到重大影响。中国煤电在电力系统、能源系统和国民经济中的作用和特点是中国与发达国家在电力低碳转型中最显著的区别。如果不能做到辩证地看待这一区别，就不能正确地推进中国的低碳电力发展。④为了促进能源电力系统的转型，国家出台了积极支持分布式能源、储能、电动汽车、需求响应、综合能源服务等政策措施，大量的试点示范工程也在推进，为大规模开发利用新能源提供多方面的支持和储备。

此外，碳捕集与封存技术在中国已进行多个试点，对此技术有了新的认识。同时，成熟的储能技术是改变能源低碳转型进程和形态的关键因素，是大规模采用新能源、最终替代煤电的前提和基础。

4.2 电力低碳技术实现创新发展

在发电技术方面，中国超超临界锅炉技术实现自主开发，主要参数达到世界先进水平；百万千瓦空冷发电机组技术、火电机组二次再热技术、大型超临界循环流化床发电技术世界领先，大型整体煤气化联合循环（IGCC）发电技术已经商业运行；火电机组灵活性改造及深度调峰技术、烟气污染控制技术实现突破和引领。中国水电在规划、设计、施工、设备制造等方面，均处于世界领先地位；率先掌握百万千瓦等级巨型水轮机组核心技术，攻克了大型地下洞室群施工关键技术难题。全面掌握第4代核电高温气冷堆蒸汽发生器制造核心技术，“华龙一号”、CAP1400设备国产化等三代核电技术研发和应用走在世界前列。中国海上风电进入6兆瓦机型国产化时代，6.7兆瓦机组已投入试运行；低风速双馈风电机组在设计、制造、控制、运行等方面取得重大创新；海上风电在风机研制、基础设计、施工建设、电气系统优化和运行维护等方面实现技术突破。

在电网技术方面，全面掌握1 000千伏特高压交流和±800千伏、±1 100千伏特高压直流输电关键技术，自主研制成功特高压交直流成套设备。柔性直流输电技术取得显著进步，世界首台机械式高压直流断路器投运、首台特高压柔直换流阀研制成功。智能电网、大电网控制等技术取得显著进步，电网的总体装备和运维水平处于国际引领地位，攻克了复杂电网自动电压控制决策的实时性和最优性难题；新能源并网研发了闭环运行的大规模新能源并网协调控制类产品，攻克了电制热储热提升电网风电消纳的基础理论和关键技术，引领了我国风电消纳与利用领域的技术进步。

4.3 全国（发电行业）碳市场建设有序推动

4.3.1 碳市场启动

经过多年碳市场试点的经验积累，全国碳排放权交易市场启动在即，目前确定首批仅纳入发电行业，今后还将逐步纳入其他行业。与此同时，电力市场化改革同步推进，有利于进一步激发市场活力、畅通电价传导机制。未来二者必将逐步融合，通过碳市场跟踪碳价，将碳排放成本传导至社会生产生活的各个方面，以便更好地发挥市场在气候容量资源配置中的决定作用，推动全社会逐渐形成减少碳排放的意识，为市场提供长期稳定的碳价格预期，从而影响利益相关者的投资决策和消费行为，推动节能减碳的技术创新和技术应用，推动我国经济发展和产业结构低碳转型。

碳市场建设需要大量的法律、制度、政策、技术、数据以及能力建设作为基础，国外碳市场的发展历程表明碳市场的发展是一个长期的过程，不可一蹴而就。因此，我国先选择部分区域开展试点，在经历了几年的地方试点之后，再逐步启动全国碳市场建设，全国碳市场建设也设定了一个逐步完善的分阶段工作计划。

我国于2011年启动7个国内碳排放权交易试点。截至2020年8月，试点省市碳市场共覆盖钢铁、电力、水泥等20多个行业，近3 000家企业，累计成交量超过4亿吨，累计成交额超过90亿元。试点碳市场开展了大量基础性及开拓性工作，逐步引入重点排放单位、投资机构、自然人等市场主体，在配额和国家核证自愿减排量（CCER）现货交易的基础上，探索开展了碳期货等碳金融交易产品，探索了配额拍卖有偿分配方式。试点碳市场为全国碳市场建设积累了丰富经验，也暴露出一些亟待解决的政策、制度、机制等方面的问题。

2017年12月，国家发展改革委发布《全国碳排放权交易市场建设方案（发电行业）》，提出全国碳市场分基础建设期、模拟运行期、深化完善期三个阶段建设，以期建立“制度完善、交易活跃、监管严格、公开透明”的全国碳市场。经过近3年的准备，MRV[10]、配额、交易、履约等重要制度已完成，上海、湖北碳交易平台已搭建并融合，电力行业、企业开展了多轮培训和能力建设，可以说已具备了正式启动全国发电行业碳市场的条件，但碳市场建设和运行还有复杂性、潜在风险等，需要开展必要的运行测试来进一步完善。

4.3.2 关键制度分析

（1）碳交易

《碳排放权交易管理办法（试行）》按照“市场导向、循序渐进、公平公开和诚实守信”原则建设全国碳市场，明确碳排放权交易主管部门的职责范围，组建全国碳排放权注册登记机构、全国碳排放权交易机构，确定纳入全国碳市场的重点排放单位名录，制定配额总量设定与分配方案，组织开展温室气体排放核查和碳排放权交易，建立规则明晰、监管有力、科学透明、稳定高效的碳排放权交易体系。长期来看，碳市场与正在推进的电力市场化改革协同，有利于通过市场化的电价和碳价形成机制将碳排放成本传导至用户侧，通过价格激励电力用户合理用能，提高能效，提高公众减少碳排放的意识，为市场提供长期稳定的碳价预期，从而影响利益相关者的投资决策和消费行为，推动节能减碳的技术创新和技术应用，进一步挖掘需求侧减碳潜力，推动我国经济发展和产业结构低碳转型，助力成功实现碳中和愿景。

①在交易产品方面，碳市场主要由配额市场和其他交易产品市场构成。配额市场中交易的产品为碳排放配额，其他交易产品市场主要指抵消机制下的国家核证自愿减排量或者生态环境部公布的其他减排指标交易。当条件成熟时，探索开展期货和衍生品等交易，以便通过市场化方式推动气候投融资，充分发挥市场机制在应对气候变化工作中的决定性作用。

②在实施路径方面，为了防范金融等方面风险，坚持将碳市场作为控制温室气体排放政策工具的工作定位，全国碳市场启动初期以发电行业为突破口，率先启动

---

[10] MRV是指碳排放的量化与数据质量保证的过程。

配额市场，以培育市场主体，总结经验、完善市场监管。后续将逐步扩大市场覆盖的温室气体种类和行业范围，丰富交易品种和交易方式，适时引入配额有偿分配，逐步增加有偿分配比例，逐步完善市场调节机制。

③在配套工作方面，为保证全国碳市场的稳定高效运行，国家碳交易主管部门围绕温室气体种类、行业范围、总量设定、配额分配、数据报送和监管、登记结算、交易环节等碳市场要素开展了一系列配套工作。一是组建全国碳排放权注册登记结算机构和全国碳排放权交易机构。二是搭建全国碳排放数据报送和监管系统、全国碳排放权注册登记系统、全国碳排放权交易系统。三是编制全国碳排放权登记交易结算管理办法、全国碳排放权登记管理规则、全国碳排放权交易管理规则、全国碳排放权结算管理规则。四是制定《2019—2020年全国碳排放权交易配额总量设定与分配实施方案（发电行业）》。五是制定《国家核证自愿减排项目管理办法》，搭建国家核证自愿减排注册登记系统。

④在抵消机制方面，减缓气候变化的途径包括调整产业结构，优化能源结构，开展碳捕集、利用与封存，控制工业、农业废弃物处理等非能源活动温室气体排放，增加林草碳汇等基于自然的解决方案等。为激励非碳市场覆盖范围的行业采取碳减排措施，全国碳市场允许重点排放单位使用国家核证自愿减排量等减排指标抵消其部分经确认的温室气体排放量，并明确用于抵消的减排量不得来自纳入全国碳排放权交易市场配额管理的减排项目。

（2）总量设定与配额分配

碳配额总量设定与分配是碳市场建设的首要关口，也是贯穿整个碳市场运行的核心要素。国际主要碳市场运行经验表明，碳配额总量与分配没有一成不变的最佳模式，只有与时俱进不断适应不同碳市场目标的模式，中国碳市场配额总量设定与分配必须充分考虑中国碳减排国际承诺、发展阶段、能源资源禀赋和能源战略、碳排放行业结构、电力发展实际与市场化进程等因素。

①科学设定配额总量，使企业碳减排压力与动力、能力相平衡。配额总量设定科学与否取决于碳减排效果、低碳技术可行性。总量设定必然要给企业增加碳减排压力，从而倒逼企业低碳发展，但同时也要考虑企业的可承受程度、社会预期及

政治可接受程度等，使压力与动力、能力相平衡。《碳排放权交易管理办法（试行）》（以下简称《办法》）提出“生态环境部根据国家温室气体排放控制要求，综合考虑经济增长、产业结构调整、能源结构优化、大气污染物排放协同控制等因素，制定碳排放配额总量确定与分配方案”，一方面反映出以温室气体减排国家承诺及温室气体控排规划目标为约束，以排放基准值、历史强度下降目标及实物产出量（服务量）为依据确定全国年度配额总量，就本质而言，中国碳市场的总量设定是基于强度下降目标的，而非碳排放绝对量下降目标；另一方面体现出采取“自下而上”和“自上而下”相结合的方法兼顾了配额总量的科学性和可接受程度。“自下而上”为控排企业或地区反映技术可行性、经济可承受性、社会预期吻合度提供了可能，“自上而下”则发挥了国务院生态环境主管部门在科学评估制定减排目标、稳步推进低碳发展转型中的引航作用。

②规范分配方法，循序渐进，推动办法落地实施。配额总量分配规范与否取决于企业承受能力、电力转型实际情况。从国际碳市场实践经验来看，碳市场初期采用全部免费分配或绝大部分免费分配，有利于降低对企业经营成本的影响，减少碳泄露风险。《办法》提出“碳排放配额分配以免费分配为主，可以根据国家有关要求适时引入有偿分配”，配额初次免费分配更适合我国当下国情。中国发电行业碳排放总量大，但煤电在现阶段能源安全发展中具有重要的支撑性作用，且由于近年来在能源转型过程中遇到了各种矛盾，使煤电企业运行困难，亏损面较大，电力市场化也正在推进过程，各种风险因素容易叠加，因此，全国碳市场建设初期对发电行业采用免费分配方式是考虑中国国情实际的客观选择。与此同时，有偿分配方式具有更高的配额配置效率，对促进实现碳减排目标有更大的激励作用，逐步提高有偿分配方式在全国碳市场中的比例是未来发展的方向。

③责权清晰，凝聚合力，共同建设好全国碳市场。建设好全国碳市场，离不开市场参与方的各司其职、团结协作。《办法》提出“生态环境部根据国家温室气体排放控制要求……制定碳排放配额总量确定与分配方案。省级生态环境主管部门应当根据生态环境部制定的碳排放配额总量确定与分配方案，向本行政区域内的重点排放单位分配规定年度的碳排放配额”，明确国家、地方生态环境主管部门在配额

分配上的关系，有利于在各自领域发挥优势作用；同时，避免了地区修正系数对全国统一碳市场建设的影响。

关于碳市场“地区修正系数”的讨论

配额分配方案中，是否引入地区修正系数是一个值得讨论的问题。从法理上、技术上、可操作性上来看，该系数将会使全国碳市场建设速度和质量受到影响具体表现如下：一是严重影响全国碳市场的进度和正常运行。全国碳市场建设的重要基础是配额分配，为了公开、公平、公正分配碳配额，有关研究机构、社会组织、电力企业做了多年工作，进行了数十次测算和巨量数据分析。但是，一个地区修正系数的引入，将使前面的工作基本上付之东流。小于1的地区修正系数实质上是将配额分配的权力由中央政府交到了地方政府，地方政府无论是通过立法还是行政的方式确定该系数，因技术基础、经济发展、产业布局、电力企业经济属性不同，存在相当大的难度。以上因素导致此系数的确定在效力上和时间上存在很大不确定性，应当仔细评估由此造成的后果。二是对依法开展碳减排和建设碳市场设置重大障碍。地区修正系数不同于技术修正系数，本质上是赋予地方政府的特别行政裁量权。在我国有关碳排放权立法缺位的情况下，不宜将此类对经济社会、企业权益影响大的“权力”下放到地方。同时，地区修正系数的提出没有法制工作基础，根据《全国碳排放权交易管理办法（试行）》，省级行政区人民政府没有调整配额分配标准和方法的权限。三是给发电企业生产经营和碳减排策略的制定造成混乱。引入地区修正系数大大增加了碳市场配额供给的不确定性，增加了市场复杂程度，使得企业无法预测配额的稀缺程度，也无法评估碳价的合理性，从而不能形成相对稳定的市场预期，容易诱发市场投机行为，增加了市场监管难度。同时，设定小于1的地区修正系数会严重影响特定地区煤电企业的运行小时数、发电量、售电量、利润率、负债率等生产经营指标，更会给地方央企、国企及民营煤电企业带来潜在的不公平竞争，影响地方社会稳定。目前，国家正在推进电力市场化改革，推动跨省、跨区电力交易，以便实现电力资源的优化配置。如果引入地区修正系数，会妨碍生产要素市场化配置和商品服务流通的体制机制障碍，扭曲不同省级行政区燃煤发电企业的发电成本，可能存在碳排放强度高的机组发电成本反而较低，从而在电力市场中获得竞争优势，替代了碳排放强度低的机组发电量，如此就会增加社会总碳排放量，与碳市场鼓励减排目标不符。四是缺乏科学论证和技术支撑。若增加地区修正系数，则“2019—2020年各类别机组碳排放基准值”就失去了测算的基础和依据，也无法判断配额盈缺。更重要的是，如果引入地区修正系数，随着纳入行业的扩大，难以保证地区间、行业间配额分配的一致性和公正性，使不同地区碳排放配额不同质、不等价，发生不同地区间“碳泄漏”，不利于国家整体减排目标的实现。

综上，地区间的经济社会发展的不平衡，必然会影响到发电企业碳减排成本的差异。引入地区修正系数的初衷可能是试图解决不平衡性，但由于存在法理上、技术支撑上、可操作性上的严重问题，结果可能适得其反，会带来更广泛的不平衡和政策的不协调。

（3）核算核查

为规范和指导全国碳市场数据核算和报告工作，保障全国碳排放权交易市场的数据质量，2020年，生态环境部组织相关研究机构编制企业温室气体核算与报告的行业标准，形成了《企业温室气体排放核算方法与报告指南　发电设施（征求意见稿）》（以下简称“征求意见稿”），在编制说明中与《中国发电企业温室气体排放核算方法与报告指南（试行）》和《温室气体排放核算与报告要求 第1部分：发电企业》（GB/T 32151.1—2015）进行了比较，主要区别有：①更符合全国碳市场实际工作需要。《中国发电企业温室气体排放核算方法与报告指南（试行）》和《温室气体排放核算与报告要求 第1部分：发电企业》（GB/T 32151.1—2015）核算边界是企业法人层面（组织层面），其中辅助和附属生产设施的温室气体排放量占比较小，但核查成本高，也未纳入全国碳市场数据报告范围。征求意见稿针对全国碳市场发电设施层面，边界与全国碳市场数据需求完全一致。②引导企业更多采用实测参数。征求意见稿明确了碳排放相关参数实测应依据的采样、制样和化验等标准，增强了标准的实用性和可操作性。为引导企业进行碳排放相关参数的实测，征求意见稿对未开展实测或测量方法均不符合实测要求的，明确采用生态环境部有关文件推荐的高限值，以进一步鼓励和引导企业开展实测，不断提升数据准确性和科学性。③明确了企业台账管理制度和数据报送要求。为进一步强化数据质量管理，征求意见稿要求重点排放单位应建立温室气体排放数据台账管理制度，要求企业保存原始凭证备查，有关数据的支撑材料随年度排放报告一并报送。此外，征求意见稿还要求重点排放单位应每个月统计数据，按季度报送相关月度数据，并在第四季度数据报送完成后编制年度排放报告。

征求意见稿规定了发电设施的温室气体排放核算边界与排放源、化石燃料燃烧排放核算要求、购入电力排放核算要求、排放量汇总计算、生产数据核算要求、监测计划技术要求、数据质量管理要求、排放定期报告要求等，适用于全国碳排放权交易市场的发电行业重点排放单位（含自备电厂）使用化石燃料和掺烧化石燃料的燃煤、燃油、燃气纯凝发电机组和热电联产机组等发电设施的温室气体排放核算，其他未纳入全国碳排放权交易市场的企业发电设施温室气体排放核算可参照本标准。

第三部分

中国低碳电力发展展望及政策建议

5 中国低碳电力发展展望

5.1 重要影响因素

5.1.1 电力行业是实现碳达峰、碳中和目标的关键力量

中国是世界最大的能源生产和消费国，是世界最大的煤炭生产和消费国，也是世界最大的温室气体排放国。在此背景下，中国提出“二氧化碳排放力争于2030年前达到峰值，努力争取2060年前实现碳中和”（以下简称“30—60”目标），对于中国国内是一场影响到经济社会各个领域、广泛而深刻的低碳转型革命，对于国际社会是自《联合国气候变化框架公约》制定以来在应对气候变化领域中最重大的事件之一。

（1）减少碳排放是“30—60”目标的核心要义

碳中和是指，2060年当年的国民经济和社会发展中直接或间接产生的温室气体总量，与通过植树造林、减碳或购买碳信用等措施减少的碳排放相加后的净排放量为零，即碳中和包括减少碳排放和增加碳汇两个方面。因此，碳中和的要素中包含了时间节点、以年度为碳排放量核算时间单位、全国范围、温室气体（折算到二氧化碳，以下简称碳）、直接排放（燃烧化石燃料排放或工业过程排放等）和间接排放（生产或服务过程中所消耗的中间产品中隐含的间接碳排放）、碳吸收、低碳、零碳、负碳排放（如采用生物质能发电并捕集和封存其碳排放）、购买碳排放权等。但对于中国而言，由于能源体系以化石能源尤其是以高碳的煤炭为主，减少煤炭的消费是中国完成碳中和任务的关键。

（2）“30—60”目标下的任务逐渐清晰，对电力低碳转型提出了更高要求

党中央、国务院在多个重要会议中明确了“30—60”目标下的具体任务要求，如“到2030年，中国单位国内生产总值二氧化碳排放将比2005年下降65%以上，非

化石能源占一次能源消费比重将达到25%左右，森林蓄积量将比2005年增加60亿立方米，风电、太阳能发电总装机容量将达到12亿千瓦以上”等。其中，能源电力既是温室气体排放最大的领域，又是落实“30—60”目标、实现低碳转型的关键领域。电力低碳转型不仅是减少化石能源使用的主要措施，也在改变中国能源结构、促进经济社会向低碳转型发挥着基础性和决定性的作用。

5.1.2 煤电定位发生历史性转变

从电力供给侧来看，随着大量的风电、太阳能发电接入电网，其发电的随机性、波动性、间歇性特点使供电特性发生重大变化。为保障可再生能源尽可能利用及电网安全，对电力系统灵活性电源的数量和快速调节能力提出了更高要求。燃机发电和抽水蓄能是国际上公认的技术成熟、经济可行、广泛使用的灵活性电源，但由于中国燃气价格高、燃气供应困难，抽水蓄能存在建设步伐慢、电力辅助服务的电价机制不完善等方面的困难，装机容量占比仅约为6%。与发达国家灵活性电源占比为30%～50%的情况相比有明显差距。相较而言，煤电承担起灵活性电源的功能是符合中国国情的一种不得已但具必然性的选择。煤电机组开展灵活性改造的结果就是进一步降低机组可带负荷下限的能力、提高机组快速加载负荷的能力、提高机组适应电网智能化发展的能力，而这些能力是以降低煤电设备利用率、降低发电效率为代价的。也就是说，通过煤电效率和利用率的降低，换来整体能源电力系统的清洁低碳、安全高效的发展。从电力需求侧来看，随着经济社会发展阶段的演进和技术进步使电力负荷特性发生了重大变化，由第二产业工业负荷占绝对高比重向第三产业、居民用电负荷比重增加的方向转移，峰谷差进一步拉大，尖峰负荷时间区间变窄，年负荷、季负荷、日负荷特性都发生较大改变。

在能源电力低碳转型的大趋势下，煤电在新的历史使命中的功能定位必将发生变化，即煤电将逐步转为托底保供和系统调节型电源。短期来看，煤电还要继续发挥好保障电力、电量供应的主体作用。长期来看，持续降低煤炭在能源结构中的比重，大幅提高非化石能源比重，使清洁能源基本满足未来新增能源需求是趋势，煤电的主体地位最终将被取代。

5.1.3 新能源将成电源增长主力

我国以风电和太阳能发电为代表的新能源发电，经过“十一五”的蓄势待发、“十二五”的长足发展以及“十三五”的持续增长，发电规模已跃居世界首位。中国新能源发电规模和消纳实现快速增长，有利于提高非化石能源消费比重，有利于降低电力行业温室气体排放。尽管新能源发展过程中还存在综合协调性不够、系统灵活性不够、输电通道建设不匹配、新能源自身存在技术约束、需求侧潜力发挥不够、市场机制不完善等一系列问题，但是能源电力清洁低碳转型趋势非常明确，通过科学规划新能源布局、加强系统调峰能力建设、推进智能电力系统发展、建立完善市场消纳机制等措施解决新能源发展中的制约性因素，我国新能源发电必将成为电源增长的主力，也将逐步成为承担电力电量负荷的主力。

图5–1为2019年中国风电和太阳能发电装机容量占世界装机容量比重。

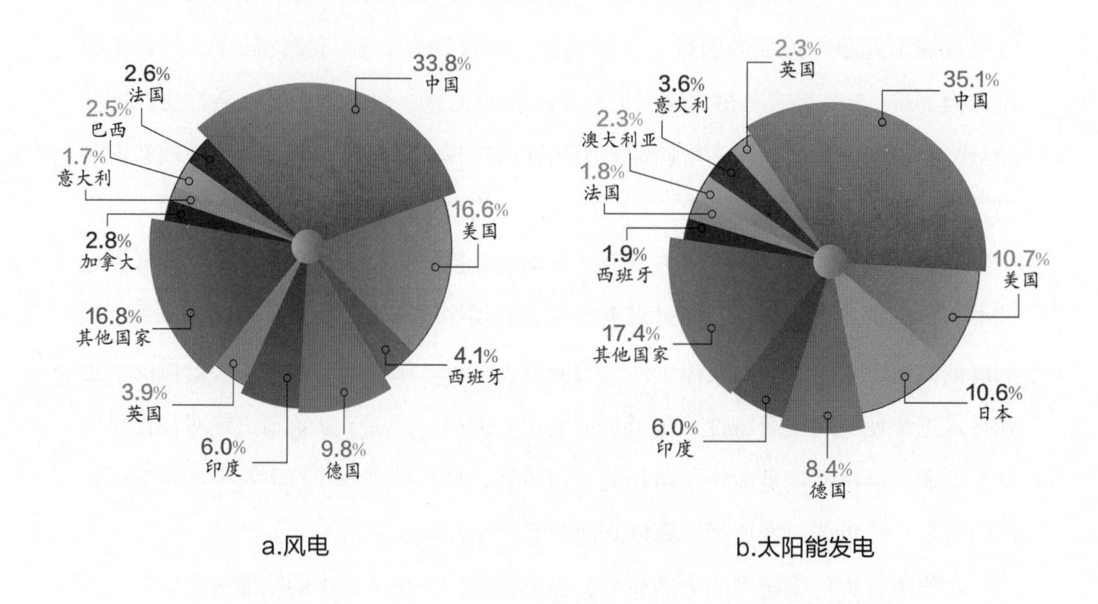

图5–1 2019年中国风电和太阳能发电装机容量占世界装机容量比重

说明：部分数据因四舍五入的原因，存在总计不为100的情况。

5.1.4 储能稳定系统的潜力巨大

随着新能源发电装机和发电量在电源中占比的不断升高，电力系统的瞬时平衡和安全问题日益凸显，储能技术在新能源发电、电力供需平衡、电能质量、节能减排等方面正发挥着越来越重要的作用，是破解系统灵活性不足的重要技术之一。

储能技术在电力系统各环节中均有应用，发电侧储能一般用于新能源发电平滑输出或火电机组与储能联合调频，用户侧储能一般通过峰谷电价移峰填谷、提高电能质量，电网侧储能主要是用作电网的调控单位替代“尖峰”。

储能技术方面，目前呈现技术路线齐头并进的发展局面，电化学电池技术中固态半固态锂电池、钠系电池、液流电池新体系快速发展；物理储能技术中抽水蓄能、压缩空气、蓄冷蓄热、飞轮等实现突破，储氢技术也正在快速进步。抽水蓄能仍然占据储能界的主流，无论是技术的成熟度还是市场份额都首屈一指。伴随着电动汽车的发展迅速崛起，电化学储能高效、灵活、响应快、高能量密度等特点得到了市场和资本的青睐，各种电化学储能项目遍布发电侧、电网侧、用户侧各个应用场景，具有巨大的发展潜力和前景，但电池安全问题是这一技术类型发展中的最大隐患。储能产业方面，储能不仅与灵活性的火电机组有竞争，甚至储能内部各技术类型和应用模式之间也存在互相竞争。之所以需要火电机组进行灵活性改造，是因为储能无论是技术还是成本尚且无法支持大规模的系统调节需求，一旦储能的技术和成本都有显著的突破，那么火电机组就没有必要继续进行较大规模的灵活性改造了；反之，火电机组如果进行了大规模的灵活性改造，那么在现有的储能技术和成本下，它的市场空间便相对有限。

当前，储能产业的困境是在技术水平、市场空间、供需形势等综合因素的作用下所导致的。如果储能技术本身在安全、性能、成本上都可凭借自身优势开拓市场，如果全社会用电量需求仍呈现快速增长势头，储能市场需求就会大规模发展。

5.1.5 低碳转型中能源安全新风险

在“30—60”目标下，由于可再生能源将大规模、大比例进入能源电力系统，使能源安全问题的性质发生着新的重大变化。新能源大规模应用后，就全国而言，能源自主供给比例加大，可以逐步减轻由能源对外依存度大带来的各种风险；就局部而言，也会降低一些地区在传统能源配置方式下能源供给不足的风险。这种风险主要由两类情况构成，第一类情况是大概率事件造成的风险，如风电、光伏等新能源发电的波动性、不稳定性、随机性对电力系统安全稳定造成的影响。在小范围、低比重可再生能源电力系统中，日周期和季节性高峰时段的影响原则上不能称为能源电力安全风险。但随着大比例再生能源的发展，电力系统难以满足安全稳定的要求，发生大面积电力系统崩溃风险的概率增大，使短周期的风险叠加酿成能源安全大风险。对于此类风险，电力行业尤其是电网方面已有高度认知，且对策研究较多，但仍然处于破解难题阶段。第二类情况是由小概率自然现象引起的能源安全大风险，如大面积、持续时间长的阴天、雨天、静风天对光伏、风电为主体的电力系统造成重大电力断供风险。对于此类风险，各方面的认识远远不够，国家体制性、战略性的对应也几乎是空白，应提高重视。

5.2 “十四五”中国低碳电力发展展望

5.2.1 发展趋势

“十四五”时期是我国由全面建成小康社会向基本实现社会主义现代化迈进的关键时期，是落实碳达峰、碳中和目标的重要起步时期，是能源电力清洁低碳转型和高质量发展的重要发展时期。总体来看，我国经济社会长期向好的基本面没有改变，要素投入、结构优化和制度变革将对我国经济发展长期持续稳定起到积极的支撑作用。提高电气化水平已成为时代发展的大趋势，是能源电力清洁低碳转型的必然要求。受新冠肺炎疫情的影响，短期内电力需求有所放缓，但长期看多重因素推动我国用电需求增长，中国电力需求还将处在较长时间的增长期。未来可再生能源将作为能源电力增量的主体，清洁能源发电装机与发电量占比将持续增加；风电、光伏发电等新能源保持合理发展，在“三北”地区加快建设以新能源为主要电源形式的清洁化综合电源基地，实现集约、高效开发；煤电有序、清洁、灵活、高效发展，煤电的功能定位将向托底保供和系统调节型电源转变。

根据中电联分析预测，“十四五”时期，中国全社会用电量年均增速保持在约5%；2020—2035年中长期发展阶段，中国全社会用电量年均增速保持在约3.6%。到2025年，中国非化石能源发电装机比重将超过50%，燃煤发电装机比重将降低到45%以下。

专栏5-1为“十三五”期间电力工业发展情况。

“十三五”期间电力工业发展情况

“十三五”期间，电力工业发展重要目标、指标按进度完成或提前完成，如非化石能源消费比重、供电煤耗、煤电装机控制都完成了规划目标，新能源发展、电能替代明显快于规划预期。

表5-1　2015年和2020年电力工业发展情况

类别	指标	2015年实际值	2020年目标值	完成进度
电力总量	总装机/亿千瓦	15.25	20	提前完成规划目标
	西电东送/亿千瓦	1.4	2.7	符合规划预期
	全社会用电量/万亿千瓦时	5.69	6.8～7.2	提前完成规划目标
	电能占终端能源消费比重/%	22.1	27	符合规划预期
	人均装机/（千瓦/人）	1.11	1.4	提前完成规划目标
	人均用电量/[千瓦时/人]	4 142	4 960～5 140	提前完成规划目标

续表

类别	指标	2015年实际值	2020年目标值	完成进度
电力结构	非化石能源消费比重/%	12.1	15	提前完成规划目标
	非化石能源发电装机比重/%	35	39	提前完成规划目标
	常规水电/亿千瓦	2.96	3.4	符合规划预期
	抽水蓄能/万千瓦	2 305	4 000	慢于规划预期
	核电/亿千瓦	0.27	0.58	符合规划预期
	风电/亿千瓦	1.31	2.1	快于规划预期
电力结构	太阳能发电/亿千瓦	0.42	1.1	提前完成规划目标
	煤电装机比重/%	59.0	55%	提前完成规划目标
	煤电/亿千瓦	9.00	<11	符合规划预期
	气电/亿千瓦	0.66	1.1	符合规划预期
节能减排	火电机组平均供电煤耗/（克标准煤/千瓦时）	315	<310	提前完成规划目标
	线路损失率/%	6.64	<6.50	提前完成规划目标
民生保障	充电设施建设/万个	—	满足500万辆电动汽车充电	慢于规划预期
	电能替代用电量/亿千瓦时	—	4 500	快于规划预期

5.2.2 主要任务

（1）快速有序发展可再生能源发电

综合各地资源条件、电网条件、负荷水平等因素，优化可再生能源项目开发时序，坚持集中式和分布式并举开发新能源，风电和光伏发电进一步向中东部地区和南方地区优化布局，在东部地区建立多能互补能源体系，在西部的北部地区加大风能、太阳能资源规模化、集约化开发力度。因地制宜推动分布式清洁电源开发，依托新能源微电网等先进电网技术实现分布式清洁能源的高效利用。

在新能源发展方面，保持风电、光伏发电合理发展，在“三北”地区风能、太阳能资源富集区加快建设以新能源为主要电源形式的清洁化综合电源基地，实现新能源集约、高效开发。通过基地内风能、太阳能、水能、煤炭等资源高效组合，实现风、光、水、火、储各类能源优势互补，促进可再生能源规模化开发利用。积极推进风电、光伏发电平价上网示范项目建设，强化风电、光伏发电投资监测预警机制，控制限电严重地区的风电、光伏发电建设规模。在东中部用电负荷中心地区稳步发展分散式风电、低风速风电、分布式光伏，在东部沿海地区大力推动海上风电项目建设，在青海、甘肃、新疆、内蒙古等省（自治区）有序建设光热发电项目。

在常规水电发展方面，统筹优化水电开发利用，坚持生态保护优先，妥善解决移民安置问题，积极稳妥推进西南水电基地建设，严控小水电开发。完善流域综合监测平台建设，加强水电流域综合管理，推动建立以战略性枢纽工程为核心的流域梯级联合调度体系，实现跨流域跨区域的统筹优化调度。进一步完善水电综合效益评价体系，加快建立涵盖水电开发成本的电价形成机制。

在核电发展方面，统筹兼顾安全性和经济性，核准建设东部沿海地区三代核电项目，做好内陆与沿海核电厂址保护。核电机组主要带基荷运行。根据市场需求，适时推进沿海核电机组实施热电联产，实现核电合理布局与可持续均衡发展。

（2）推动煤电高质量发展

按照“控制增量、优化存量、淘汰落后”的原则，管理好煤电项目。以安全为基础、需求为导向，发挥煤电托底保供和系统调节作用，服务新能源发展。严格控制煤电新增规模，在布局上优先考虑煤电一体化项目，有效解决煤炭与煤电协调发展问题；优先考虑发挥在运特高压跨区输电通道作用，有序推进西部、北部地区大型煤电一体化能源基地开发；采取等容量置换措施或通过碳排放总量指标市场化交易方式，在东中部地区严控煤电规模的同时，合理安排煤电项目；在北方城镇散煤消费集中地区与长江经济带寒冷地区，统筹区域供热需求和压减散煤消费要求，稳妥有序发展高效燃煤热电联产。

推动煤电机组延寿工作，构建煤电机组寿命评价管理体系，科学推进运行状态良好的30万千瓦等级煤电机组延寿运行评估工作，建立合理煤电机组寿命评价机制，对煤电机组的延续运行进行科学管理。根据煤电机组所在区域煤炭消费总量控制、系统接纳新能源能力等因素，结合机组技术寿命和调峰、调频、调压性能，开展煤电机组寿命差异化评价，拓展现役煤电机组的价值空间，充分发挥存量煤电机组的调节作用，有序开展煤电机组灵活性改造运行。

（3）提高电力系统综合调节能力

①煤电灵活性改造方面

大容量、高参数机组以带基本负荷为主、适度调节为辅，充分提供电量保障。重点对30万千瓦及以下煤电机组进行灵活性改造，作为深度调峰的主力机组，部分具备条件的机组参与启停调峰。对于新能源消纳困难的“三北”部分地区、限制核电出力的省级行政区，对部分60万千瓦亚临界煤电机组进行灵活性改造参与深度调峰。在新能源发电量占比高、弃风弃光较严重的地区，提高辅助服务补偿费用在总电费中的比重，激励煤电机组开展灵活性改造。优化煤电灵活性改造技术路线，确保机组安全经济运行。做好煤电灵活性改造机组运行维护和寿命管理，加强关键部件检验检测，适当预留调峰安全裕度，确保机组安全运行。

②抽水蓄能建设方面

加快推进河北、河南、山东、安徽、浙江、广东等系统调节能力，提升重点地区已核准的抽水蓄能电站建设。结合新能源基地开发，在“三北”地区规划建设抽水蓄能电站。统筹抽水蓄能在电力系统的经济价值与利益分配机制，理顺抽水蓄能电价机制，调动系统各方积极性，充分发挥抽水蓄能电站为电力系统提供备用、增强系统灵活调节能力的作用，促进抽水蓄能良性发展。

③储能技术发展方面

加大先进电池储能技术攻关力度，提升电储能安全保障能力建设，推动电储能在大规模可再生能源消纳、分布式发电、微电网、能源互联网等领域示范应用，推动电储能设施参与电力辅助服务，研究促进储能发展的价格政策，鼓励社会资本参与储能装置投资和建设，推动电储能在电源侧、电网侧、负荷侧实现多重价值。

④优化调度运行方式

充分利用大电网统一调度优势，深挖跨省跨区输电能力，完善省内、区域、跨区域电网备用共享机制。构建调度业务高度关联、运行控制高度协同、内外部信息便捷共享的一体化电力调控体系，充分发挥各类发电机组技术特性和能效作用，提高基荷机组利用效率。构建电网系统和新能源场站两级新能源功率预测体系，提升新能源功率预测准确率，全面提升清洁能源消纳水平。

（4）优化电网促进清洁能源消纳

①优化电网主网架结构

坚持以华北、华东、华中、东北、西北、西南、南方七个区域电网为主体，推动各级电网协调发展。构建受端区域电网1 000千伏特高压交流主网架，支撑特高压直流安全运行和电力疏散，满足大容量直流馈入需要；优化750千伏、500千伏电网网架结构，确保骨干电网可靠运行，总体形成送受端结构清晰、各级电网有机衔接、交直流协调发展的电网格局。

②稳步推进跨区跨省输电通道建设

统筹区域资源禀赋与送受端需求，坚持市场引导与政府宏观调控并举，结合光热、储能和柔性直流输电技术发展，科学规划建设跨区输电通道，持续提升系统绿色清洁电力输送和调节能力，为更大规模输送西部新能源做好项目储备。配套电源与输电通道同步规划、同步建设、同步投产，建立新能源跨省跨区消纳交易机制，确保跨区输电工程效益的发挥，提高电力资源配置效率。

（5）发挥碳市场低成本减碳效用

碳市场机制具有坚实的理论基础和实践经验，通过市场竞争形成的碳价能有效引导碳排放配额从减排成本低的排放主体流向减排成本高的排放主体，激发企业和个人的减排积极性，有利于促进低成本减碳，实现全社会范围内的排放配额资源优化配置。经过多年碳市场试点经验积累，全国碳排放权交易市场启动在即，目前确定的首批纳入全国碳市场的重点行业仅有发电行业，今后还将逐步纳入其他行业。

碳市场是一个高度依赖政策设计的市场，需要做好基础建设、稳步推进，特别是初始配额分配不宜过紧，应给产业调整和企业转型留足时间，减小阻力。碳市场的顶层设计需要长期视野，碳市场逐渐成熟完善的过程中，需要国家对碳市场发出更加清晰和明确的信号，提供稳定的应对气候变化政策环境和市场机制。如制定清晰可靠的国家碳达峰与碳中和路线图，加快应对气候变化立法进程，发布与碳市场阶段性建设目标相匹配的政策框架，保持严格的市场监管，维持碳配额的适度从紧，逐步引入各类碳金融产品，使市场参与各方形成长期稳定的碳价预期，并通过有效的价格传导机制激发全社会减排潜力，激励企业加强低碳技术与产品的创新，鼓励企业采用长效节能减排措施。

发展可再生能源是降低电力行业碳排放的主要途径，是中国能源行业转型的主要方向。为充分体现可再生能源清洁低碳的环境价值，国家有关部门建立了绿证和可再生能源电力消纳保障机制，鼓励可再生能源项目通过绿证交易获得合理收益，保障可再生能源的长期发展空间，但这些措施还不足以为可再生能源的大规模发展提供资金支持。我国碳市场逐步引入抵消机制后，允许控排企业使用国家核证自愿减排量（CCER）完成履约以及随着碳市场的发展，通过创造并扩大减排量市场，几乎“净零排放”的可再生能源将成为绿色投融资的重要领域，将会有力支持能源电力的低碳转型。

与此同时，电力市场化改革同步推进，有利于进一步激发市场活力、畅通电价传导机制。未来电力市场和碳市场必将逐步融合，通过碳市场发现碳价，将碳排放成本传导至社会生产生活的各个方面，以便更好地发挥市场在气候容量资源配置中的决定作用，推动全社会逐渐形成减少碳排放意识，为市场提供长期稳定的碳价格预期，从而影响利益相关者的投资决策和消费行为，推动节能减碳的技术创新和技术应用，推动我国经济发展和产业结构低碳转型。

6 政策建议

一是以碳统领完善电力节能减排各项政策。中国的节能减排经过几十年的发展取得了巨大的成就，尤其是工业部门的节能减排大多达到了世界先进水平。碳减排与节能虽然具有较大的同效性，但在一些领域却不完全一致，在碳达峰、碳中和的目标下，应当以碳减排作为直接目标，将节能减排统领在碳减排之下，有利于碳市场发展。碳市场已经是国家确定的基础经济政策，“十四五”的关键是要在启动碳市场之后快速将碳市场扩大到工业和社会各方面。尤其是将低碳政策与碳市场综合考虑，以发挥碳市场的更大作用。

二是科学制定规划并发挥引导约束作用。为实现电力行业低碳发展的目标，结合新形势新要求及电力行业特点，科学制定规划并推动规划方案的有效落实，实现规划对电力产业结构调整、绿色低碳转型的约束和引导。完善规划与电力项目的衔接机制，项目按核准权限分级纳入相关规划，原则上未列入规划的项目不得核准，提高规划对项目的约束引导作用。完善规划动态评估机制，电力规划实施中期，对规划实施情况进行自评估或第三方评估，必要时按程序对规划进行中期滚动优化调整。完善规划实施监管方式，坚持放管结合，建立高效透明的电力规划实施监管体系。

三是多措并举促进可再生能源发展及有效消纳。严格执行国家可再生能源项目建设相关政策，合理控制建设速度、规模和布局，在保障消纳的前提下继续发展新能源，在保障安全和保护生态的前提下启动一批核电、大型水电建设，因地制宜确定发展方式。深入挖掘新能源消纳潜力，加快电气化发展，更大范围地实施电能替代。不断提升电力系统的灵活调节能力，因地制宜推进煤电机组灵活性改造，加快布局电化学储能、抽水蓄能项目，建设调峰气电等灵活资源，同时挖掘用户侧的更多灵活资源，发挥大电网的统筹协调作用。继续加强电网建设，解决新能源送出通道不足的难题，进一步全面破除省间壁垒。

四是以低碳标准为引领，加强电力与相关领域以及电力系统自身各环节协调统筹。电力系统自身正经历着深刻的结构调整，传统“以火为主”的高碳发展模式逐渐退去，而以风、光为代表的新能源低碳发展模式逐渐呈现。电力低碳转型正面临新问题新挑战，但是适用于电力低碳转型的跨行业、跨领域、跨系统等方面的标准化工作却严重滞后，无法为电力低碳发展提供有力支撑。考虑电力低碳发展“领域广、专业深、层级高”特点，亟须以低碳标准为引领，加强电力与相关领域以及电力系统自身各环节协调统筹。

五是加快新电气化发展，推动能源电力清洁低碳转型。传统电气化概念主要以“发电用能占一次能源消费比重”“电能占终端能源消费比重”等指标来衡量。随着以清洁低碳的新能源大规模替代高碳的化石能源为特征的能源革命在全球兴起，电气化的内涵已突破传统概念，拓展到促进现代化、电力可靠性、电能绿色供应等新维度。新电气化不仅是能源革命、技术革命、经济社会发展共同推动的结果，也是推动构建清洁低碳安全高效的能源体系、构建绿色循环低碳的经济体系的基础和动力。

六是同步推进电力市场化改革和碳市场建设。进一步完善辅助服务市场，丰富辅助服务参与主体，提高煤电灵活性改造积极性，提升系统灵活调节能力；探索新能源与储能等灵活资源“打捆”参与的辅助服务交易补偿规则并实现盈利，推动新能源主动配置储能设施，提高系统灵活性及新能源渗透率。碳市场可以使低碳发展价值以货币方式展现出来，并通过电力市场将减碳的价值传导至电力终端用户，做好二者统一设计和衔接联动。

附件：中国低碳电力主要政策列表

序号	名称	发布单位	文号
1	决胜全面建成小康社会夺取　新时代中国特色社会主义伟大胜利——中国共产党第十九次全国代表大会报告	中共中央	—
2	关于制定国民经济和社会发展第十四个五年规划和二〇三五年远景目标的建议	中共中央	—
3	关于加快推进生态文明建设的意见	中共中央、国务院	中发〔2015〕12号
4	关于印发《生态文明体制改革总体方案》的通知	中共中央、国务院	中发〔2015〕25号
5	关于构建现代环境治理体系的指导意见	中共中央办公厅、国务院办公厅	—
6	关于积极应对气候变化的决议	全国人民代表大会常务委员会	—
7	国务院关于落实《政府工作报告》重点工作部门分工的意见	国务院	国发〔2020〕6号
8	国务院关于落实《政府工作报告》重点工作部门分工的意见	国务院	国发〔2019〕8号
9	国务院关于落实《政府工作报告》重点工作部门分工的意见	国务院	国发〔2018〕9号
10	国务院关于促进天然气协调稳定发展的若干意见	国务院	国发〔2018〕31号
11	国务院关于开展2018年国务院大督查的通知	国务院	国发明电〔2018〕3号
12	国务院关于印发“十三五”控制温室气体排放工作方案的通知	国务院	国发〔2016〕61号
13	国务院关于加快发展节能环保产业的意见	国务院	国发〔2013〕30号
14	国务院关于印发能源发展“十二五”规划的通知	国务院	国发〔2013〕2号
15	国务院关于促进光伏产业健康发展的若干意见	国务院	国发〔2013〕24号

续表

序号	名称	发布单位	文号
16	国务院关于印发节能减排“十二五”规划的通知	国务院	国发［2012］40号
17	国务院关于印发“十二五”国家战略性新兴产业发展规划的通知	国务院	国发［2012］28号
18	国务院关于印发节能与新能源汽车产业发展规划（2012—2020年）的通知	国务院	国发［2012］22号
19	国务院关于印发“十二五”节能环保产业发展规划的通知	国务院	国发［2012］19号
20	国务院关于印发“十二五”控制温室气体排放工作方案的通知	国务院	国发［2011］41号
21	国务院关于印发《“十二五”节能减排综合性工作方案》的通知	国务院	国发［2011］26号
22	国务院关于进一步加强淘汰落后产能工作的国务院通知	国务院	国发［2010］7号
23	国务院关于进一步加大工作力度确保实现“十一五”节能减排目标的通知	国务院	国发［2010］12号
24	国务院办公厅关于调整国家应对气候变化及节能减排工作领导小组组成人员的通知	国务院办公厅	国办函［2019］99号
25	国务院办公厅关于调整国家能源委员会组成人员的通知	国务院办公厅	国办函［2019］123号
26	国务院办公厅关于调整国家应对气候变化及节能减排工作领导小组组成人员的通知	国务院办公厅	国办发［2018］66号
27	国务院办公厅关于加快电动汽车充电基础设施建设的指导意见	国务院办公厅	国办发［2015］73号
28	国务院办公厅关于加强节能标准化工作的意见	国务院办公厅	国办发［2015］16号
29	国务院办公厅关于印发能源发展战略行动计划（2014—2020年）的通知	国务院办公厅	国办发［2014］31号

续表

序号	名称	发布单位	文号
30	国务院办公厅关于印发2014—2015年节能减排低碳发展行动方案	国务院办公厅	国办发〔2014〕23号
31	国务院办公厅转发发展改革委等部门关于加快推行合同能源管理促进节能服务产业发展意见的通知	国务院办公厅	国办发〔2010〕25号
32	国务院办公厅关于成立国家能源委员会的通知	国务院办公厅	国办发〔2010〕12号
33	国务院办公厅关于印发2009年节能减排工作安排的通知	国务院办公厅	国办发〔2009〕48号
34	国家发展改革委关于修改《产业结构调整指导目录（2011年本）》有关条款的决定	国家发展改革委	中华人民共和国国家发展和改革委员会令第21号
35	重点用能单位节能管理办法	国家发展改革委、科技部等	中华人民共和国国家发展和改革委员会令2018年第15号
36	碳排放权交易管理暂行办法	国家发展改革委	国家发展改革委令2014年第17号
37	2013年各省自治区直辖市节能目标完成情况	国家发展改革委	国家发展改革委公告2014年第9号
38	2013年度电网企业实施电力需求侧管理目标责任完成情况	国家发展改革委	国家发展改革委公告2014年第7号
39	2014年度电网企业实施电力需求侧管理目标责任完成情况	国家发展改革委	国家发展改革委公告2015年第13号
40	国家重点推广的低碳技术目录	国家发展改革委	国家发展改革委公告2014年第13号
41	关于2016年度省级人民政府控制温室气体排放目标责任考核评价结果的公告	国家发展改革委	国家发展改革委公告2017年第25号
42	国家重点节能低碳技术推广目录（2014年本，节能部分）	国家发展改革委	国家发展改革委公告2014年第24号
43	国家重点推广的低碳技术目录（第二批）	国家发展改革委	国家发展改革委公告2015年第31号

续表

序号	名称	发布单位	文号
44	国家重点节能技术推广目录（第六批）	国家发展改革委	国家发展改革委公告2013年第45号
45	2012年万家企业节能目标责任考核结果	国家发展改革委	国家发展改革委公告2013年第44号
46	“节能产品惠民工程”高效电机推广目录（第五批）	国家发展改革委、财政部	公告2013年第42号
47	2012年度电网企业实施电力需求侧管理目标责任完成情况表	国家发展改革委	国家发展改革委公告2013年第38号
48	“节能产品惠民工程”高效节能配电变压器推广目录（第二批）	国家发展改革委、财政部、工业和信息化部	公告2013年第32号
49	节能服务公司备案名单（第五批）	国家发展改革委、财政部	公告2013年第29号
50	取消节能服务公司备案资格名单（第二批）	国家发展改革委、财政部	公告2013年第21号
51	战略性新兴产业重点产品和服务指导目录	国家发展改革委	国家发展改革委公告2013年第16号
52	关于深入推进供给侧结构性改革　做好新形势下电力需求侧管理工作的通知	国家发展改革委等6部门	发改运行规［2017］1690号
53	关于做好2019年重点领域化解过剩产能工作的通知	国家发展改革委	发改运行［2019］785号
54	国家发展改革委　国家能源局关于规范优先发电优先购电计划管理的通知	国家发展改革委、国家能源局	发改运行［2019］144号
55	国家发展改革委　财政部关于完善电力应急机制做好电力需求侧管理城市综合试点工作的通知	国家发展改革委、财政部	发改运行［2015］703号
56	国家发展改革委　国家能源局关于改善电力运行调节促进清洁能源多发满发的指导意见	国家发展改革委、国家能源局	发改运行［2015］518号
57	国家发展改革委　国家能源局关于促进智能电网发展的指导意见	国家发展改革委、国家能源局	发改运行［2015］1518号

续表

序号	名称	发布单位	文号
58	国家发展改革委关于加强和改进发电运行调节管理的指导意见	国家发展改革委	发改运行［2014］985号
59	国家发展改革委关于做好今冬明春电力运行和2014年电力供需平衡预测的通知	国家发展改革委	发改运行［2013］2416号
60	国家发展改革委关于印发《电网企业实施电力需求侧管理目标责任考核方案（试行）》的通知	国家发展改革委	发改运行［2011］2407号
61	关于印发《电力需求侧管理办法》的通知	国家发展改革委等6部门	发改运行［2010］2643号
62	中华人民共和国国家发展和改革委员会公告（附件：2017年度电网企业实施电力需求侧管理目标责任完成情况）	国家发展改革委	国家发展改革委公告2018年第10号
63	关于开展燃煤电厂综合升级改造工作的通知	国家发展改革委、国家能源局、财政部	发改厅［2012］1662号
64	国家发展改革委关于印发《全国碳排放权交易市场建设方案（发电行业）》的通知	国家发展改革委	发改气候规［2017］2191号
65	国家发展改革委关于加快推进国家低碳城（镇）试点工作的通知	国家发展改革委	发改气候［2015］1770号
66	国家发展改革委关于开展低碳社区试点工作的通知	国家发展改革委	发改气候［2014］489号
67	国家发展改革委关于印发国家应对气候变化规划（2014—2020年）的通知	国家发展改革委	发改气候［2014］2347号
68	国家发展改革委关于印发《单位国内生产总值二氧化碳排放降低目标责任考核评估办法》的通知	国家发展改革委	发改气候［2014］1828号
69	国家发展改革委　国家统计局印发关于加强应对气候变化统计工作的意见的通知	国家发展改革委、国家统计局	发改气候［2013］937号
70	国家发展改革委关于推动碳捕集、利用和封存试验示范的通知	国家发展改革委	发改气候［2013］849号

续表

序号	名称	发布单位	文号
71	国家发展改革委　国家认监委关于印发《低碳产品认证管理暂行办法》的通知	国家发展改革委、国家认监委	发改气候［2013］279号
72	关于印发国家适应气候变化战略的通知	国家发展改革委、财政部、住建部等	发改气候［2013］2252号
73	国家发展改革委　财政部关于印发《中国清洁发展机制基金赠款项目管理办法》的通知	国家发展改革委、财政部	发改气候［2012］3407号
74	国家发展改革委　财政部关于印发《中国清洁发展机制基金有偿使用管理办法》的通知	国家发展改革委、财政部	发改气候［2012］3406号
75	国家发展改革委关于印发《温室气体自愿减排交易管理暂行办法》的通知	国家发展改革委	发改气候［2012］1668号
76	国家发展改革委关于开展低碳省区和低碳城市试点工作的通知	国家发展改革委	发改气候［2010］1587号
77	关于做好水电开发利益共享工作的指导意见	国家发展改革委	发改能源规［2019］439号
78	国家发展改革委　国家能源局关于印发《清洁能源消纳行动计划（2018—2020年）》的通知	国家发展改革委、国家能源局	发改能源规［2018］1575号
79	国家发展改革委关于修改《关于调整水电建设管理主要河流划分的通知》引用规范性文件的通知	国家发展改革委	发改能源规［2018］1144号
80	关于印发各省级行政区域2020年可再生能源电力消纳责任权重的通知	国家发展改革委、国家能源局	发改能源［2020］767号
81	关于印发《完善生物质发电项目建设运行的实施方案》的通知	国家发展改革委、财政部、国家能源局	发改能源［2020］1421号
82	国家发展改革委　国家能源局关于建立健全可再生能源电力消纳保障机制的通知	国家发展改革委、国家能源局	发改能源［2019］807号
83	国家发展改革委　国家能源局关于积极推进风电、光伏发电无补贴平价上网有关工作的通知	国家发展改革委、国家能源局	发改能源［2019］19号

续表

序号	名称	发布单位	文号
84	国家发展改革委　财政部　国家能源局关于2018年光伏发电有关事项的通知	国家发展改革委、财政部、国家能源局	发改能源［2018］823号
85	国家发展改革委　国家能源局关于提升电力系统调节能力的指导意见	国家发展改革委、国家能源局	发改能源［2018］364号
86	关于印发《提升新能源汽车充电保障能力行动计划》的通知	国家发展改革委、国家能源局、工业和信息化部、财政部	发改能源［2018］1698号
87	国家发展改革委　财政部　国家能源局关于2018年光伏发电有关事项说明的通知	国家发展改革委、财政部、国家能源局	发改能源［2018］1459号
88	国家发展改革委　国家能源局关于印发促进生物质能供热发展指导意见的通知	国家发展改革委、国家能源局	发改能源［2017］2123号
89	关于印发《地热能开发利用“十三五”规划》的通知	国家发展改革委、国家能源局、国土资源部	发改能源［2017］158号
90	印发《关于推进供给侧结构性改革防范化解煤电产能过剩风险的意见》的通知	国家发展改革委、工业和信息化部、财政部等	发改能源［2017］1404号
91	国家发展改革委　财政部　国家能源局关于试行可再生能源绿色电力证书核发及自愿认购交易制度的通知	国家发展改革委、财政部、国家能源局	发改能源［2017］132号
92	国家发展改革委关于印发《可再生能源发电全额保障性收购管理办法》的通知	国家发展改革	发改能源［2016］625号
93	关于推进电能替代的指导意见	国家发展改革委、国家能源局、财政部、环境保护部	发改能源［2016］1054号
94	国家发展改革委关于加快配电网建设改造的指导意见	国家发展改革委	发改能源［2015］1899号
95	关于印发《电动汽车充电基础设施发展指南（2015—2020年）》的通知	国家发展改革委、能源局、工业和信息化部、住房城乡建设部	发改能源［2015］1454号

续表

序号	名称	发布单位	文号
96	关于印发天然气分布式能源示范项目实施细则的通知	国家发展改革委、国家能源局、住房和城乡建设部	发改能源［2014］2382号
97	关于印发《煤电节能减排升级与改造行动计划（2014—2020年）》的通知	国家发展改革委、环境保护部、国家能源局	发改能源［2014］2093号
98	国家发展改革委关于印发《分布式发电管理暂行办法》的通知	国家发展改革委	发改能源［2013］1381号
99	国家发展改革委关于印发天然气发展“十二五”规划的通知	国家发展改革委	发改能源［2012］3383号
100	关于下达首批国家天然气分布式能源示范项目的通知	国家发展改革委、财政部、住房和城乡建设部、国家能源局	发改能源［2012］1571号
101	关于发展天然气分布式能源的指导意见	国家发展改革委、财政部、住房和城乡建设部、国家能源局	发改能源［2011］2196号
102	国家发展改革委　国家能源局关于进一步推进增量配电业务改革的通知	国家发展改革委、国家能源局	发改经体［2019］27号
103	国家发展改革委关于整顿规范电价秩序的通知	国家发展改革委	发改价检［2011］1311号
104	国家发展改革委关于创新和完善促进绿色发展价格机制的意见	国家发展改革委	发改价格规［2018］943号
105	国家发展改革委关于2018年光伏发电项目价格政策的通知	国家发展改革委	发改价格规［2017］2196号
106	关于2020年光伏发电上网电价政策有关事项的通知	国家发展改革委	发改价格［2020］511号
107	国家发展改革委关于完善风电上网电价政策的通知	国家发展改革委	发改价格［2019］882号
108	国家发展改革委关于完善光伏发电上网电价机制有关问题的通知	国家发展改革委	发改价格［2019］761号

续表

序号	名称	发布单位	文号
109	国家发展改革委关于三代核电首批项目试行上网电价的通知	国家发展改革委	发改价格［2019］535号
110	国家发展改革委关于完善跨省跨区电能交易价格形成机制有关问题的通知	国家发展改革委	发改价格［2015］962号
111	国家发展改革委关于完善陆上风电光伏发电上网标杆电价政策的通知	国家发展改革委	发改价格［2015］3044号
112	国家发展改革委关于规范天然气发电上网电价管理有关问题的通知	国家发展改革委	发改价格［2014］3009号
113	国家发展改革委关于适当调整陆上风电标杆上网电价的通知	国家发展改革委	发改价格［2014］3008号
114	关于完善抽水蓄能电站价格形成机制有关问题的通知	国家发展改革委	发改价格［2014］1763号
115	国家发展改革委关于海上风电上网电价政策的通知	国家发展改革委	发改价格［2014］1216号
116	国家发展改革委关于调整可再生能源电价附加标准与环保电价有关事项的通知	国家发展改革委	发改价格［2013］1651号
117	国家发展改革委关于发挥价格杠杆作用 促进光伏产业健康发展的通知	国家发展改革委	发改价格［2013］1638号
118	国家发展改革委关于完善核电上网电价机制有关问题的通知	国家发展改革委	发改价格［2013］1130号
119	国家发展改革委 国家电监会关于可再生能源电价补贴和配额交易方案（2010年10月—2011年4月）的通知	国家发展改革委、国家电监会	发改价格［2012］3762号
120	国家发展改革委关于调整华中电网电价的通知	国家发展改革委	发改价格［2011］2623号
121	国家发展改革委关于调整华东电网电价的通知	国家发展改革委	发改价格［2011］2622号
122	国家发展改革委关于调整西北电网电价的通知	国家发展改革委	发改价格［2011］2621号
123	国家发展改革委关于调整东北电网电价的通知	国家发展改革委	发改价格［2011］2620号

续表

序号	名称	发布单位	文号
124	国家发展改革委关于调整华北电网电价的通知	国家发展改革委	发改价格［2011］2619号
125	国家发展改革委关于调整南方电网电价的通知	国家发展改革委	发改价格［2011］2618号
126	国家发展改革委关于完善太阳能光伏发电上网电价政策的通知	国家发展改革委	发改价格［2011］1594号
127	国家发展改革委　国家电监会关于2009年7—12月可再生能源电价补贴和配额交易方案的通知	国家发展改革委、国家电监会	发改价格［2010］1894号
128	国家发展改革委　国家电监会关于2009年1—6月可再生能源电价补贴和配额交易方案的通知	国家发展改革委、国家电监会	发改价格［2009］3217号
129	国家发展改革委关于完善风力发电上网电价政策的通知	国家发展改革委	发改价格［2009］1906号
130	国家发展改革委　国家电监会关于2008年7—12月可在再生能源电价补贴和配额交易方案的通知	国家发展改革委、国家电监会	发改价格［2009］1581号
131	国家发展改革委　司法部关于印发《关于加快建立绿色生产和消费法规政策体系的意见》的通知	国家发展改革委、司法部	发改环资［2020］379号
132	关于印发《美丽中国建设评估指标体系及实施方案》的通知	国家发展改革委	发改环资［2020］296号
133	关于2019年全国节能宣传周和全国低碳日活动的通知	国家发展改革委	发改环资［2019］999号
134	关于印发《绿色高效制冷行动方案》的通知	国家发展改革委等	发改环资［2019］1054号
135	国家发展改革委　国家标准委关于印发《节能标准体系建设方案》的通知	国家发展改革委、国家标准委	发改环资［2017］83号
136	关于2015年全国节能宣传周和全国低碳日活动的通知	国家发展改革委	发改环资［2015］973号

续表

序号	名称	发布单位	文号
137	关于印发能效“领跑者”制度实施方案的通知	国家发展改革委、工业和信息化部、财政部、国管局、能源局、质检总局、标准化委	发改环资［2014］3001号
138	关于印发《重点地区煤炭消费减量替代管理暂行办法》的通知	国家发展改革委、工业和信息化部、财政部、环境保护部、统计局、能源局	发改环资［2014］2984号
139	关于印发燃煤锅炉节能环保综合提升工程实施方案的通知	国家发展改革委、环境保护部、财政部、国家质检总局、工业和信息化部、国管局、国家能源局	发改环资［2014］2451号
140	国家发展改革委关于印发《节能低碳技术推广管理暂行办法》的通知	国家发展改革委	发改环资［2014］19号
141	国家发展改革委关于加大工作力度确保实现2013年节能减排目标任务的通知	国家发展改革委	发改环资［2013］1585号
142	关于印发节能减排全民行动实施方案的通知	国家发改委会等	发改环资［2012］194号
143	关于印发万家企业节能低碳行动实施方案的通知	国家发改委会等	发改环资［2011］2873号
144	国家发展改革委关于加快推进国家“十三五”规划《纲要》重大工程项目实施工作的意见	国家发展改革委	发改规划［2016］1641号
145	国家发展改革委　国家能源局关于切实加强需求侧管理　确保民生用气的紧急通知	国家发展改革委、国家能源局	发改电［2014］22号
146	国家发展改革委办公厅关于开展可再生能源就近消纳试点的通知	国家发展改革委办公厅	发改办运行［2015］2554号

续表

序号	名称	发布单位	文号
147	国家发展改革委办公厅关于做好2013年度电网企业实施电力需求侧管理目标责任考核工作的通知	国家发展改革委办公厅	发改办运行［2014］78号
148	国家发展改革委办公厅关于做好国家电力需求侧管理平台建设和应用工作的通知	国家发展改革委办公厅	发改办运行［2014］734号
149	国家发展改革委办公厅　国家能源局综合司关于调查“煤改气”及天然气供需情况的通知	国家发展改革委办公厅、国家能源局综合司	发改办运行［2013］2886号
150	国家发展改革委办公厅《关于切实做好全国碳排放权交易市场启动重点工作的通知》	国家发展改革委办公厅	发改办气候［2016］57号
151	国家发展改革委办公厅关于开展2014年度单位国内生产总值二氧化碳排放降低目标责任考核评估的通知	国家发展改革委办公厅	发改办气候［2015］958号
152	国家发展改革委办公厅关于印发低碳社区试点建设指南的通知	国家发展改革委办公厅	发改办气候［2015］362号
153	国家发展改革委办公厅2014年度各省（区、市）单位地区生产总值二氧化碳排放降低目标责任考核评估结果的通知	国家发展改革委办公厅	发改办气候［2015］2522号
154	国家发展改革委办公厅关于组织开展氢氟碳化物处置相关工作的通知	国家发展改革委办公厅	发改办气候［2015］1189号
155	国家发展改革委办公厅关于同意天津排放权交易所有限公司为自愿减排交易机构备案的函	国家发展改革委办公厅	发改办气候［2013］94号
156	国家发展改革委办公厅关于同意上海环境能源交易所股份有限公司为自愿减排交易机构备案的函	国家发展改革委办公厅	发改办气候［2013］93号
157	国家发展改革委办公厅关于同意广东碳排放交易所有限公司为自愿减排交易机构备案的函	国家发展改革委办公厅	发改办气候［2013］92号
158	国家发展改革委办公厅关于同意北京环境交易所有限公司为自愿减排交易机构备案的函	国家发展改革委办公厅	发改办气候［2013］91号

续表

序号	名称	发布单位	文号
159	国家发展改革委办公厅关于同意深圳排放权交易所有限公司为自愿减排交易机构备案的函	国家发展改革委办公厅	发改办气候［2013］90号
160	国家发展改革委办公厅关于印发首批10个行业企业温室气体排放核算方法与报告指南(试行)的通知	国家发展改革委办公厅	发改办气候［2013］2526号
161	国家发展改革委办公厅关于中环联合（北京）认证中心有限公司予以自愿减排交易项目审定与核证机构备案的复函	国家发展改革委办公厅	发改办气候［2013］2107号
162	国家发展改革委办公厅关于同意广州赛宝认证中心服务有限公司予以自愿减排交易项目审定与核证机构备案的函	国家发展改革委办公厅	发改办气候［2013］1354号
163	国家发展改革委办公厅关于对中国质量认证中心予以自愿减排交易项目审定与核证机构备案的函	国家发展改革委办公厅	发改办气候［2013］1353号
164	国家发展改革委办公厅关于开展碳排放权交易试点工作的通知	国家发展改革委	发改办气候［2011］2601号
165	国家发展改革委办公厅　国家能源局综合司关于公布2020年风电、光伏发电平价上网项目的通知	国家发展改革委办公厅、国家能源局综合司	发改办能源［2020］588号
166	国家发展改革委办公厅　国家能源局综合司关于公布2019年第一批风电、光伏发电平价上网项目的通知	国家发展改革委办公厅、国家能源局	发改办能源［2019］594号
167	国家发展改革委办公厅　国家能源局综合司关于开展分布式发电市场化交易试点的补充通知	国家发展改革委办公厅、国家能源局综合司	发改办能源［2017］2150号
168	国家发展改革委办公厅关于加强和规范生物质发电项目管理有关要求的通知	国家发展改革委办公厅	发改办能源［2014］3003号
169	国家发展改革委办公厅　生态环境部办公厅关于公开征集清洁生产评价指标体系制（修）订项目的通知	国家发展改革委办公厅、生态环境部	发改办环资［2019］680号
170	国家发展改革委办公厅　市场监管总局办公厅关于加快推进重点用能单位能耗在线监测系统建设的通知	国家发展改革委办公厅、市场监管总局办公厅	发改办环资［2019］424号

续表

序号	名称	发布单位	文号
171	国家发展改革委办公厅关于发布节能自愿承诺用能单位名单的通知	国家发展改革委办公厅	发改办环资［2017］2178号
172	国家发展改革委办公厅　农业部办公厅　国家能源局综合司关于开展秸秆气化清洁能源利用工程建设的指导意见	国家发展改革委办公厅、农业部办公厅、国家能源局综合司	发改办环资［2017］2143号
173	国家发展改革委办公厅　财政部办公厅关于组织推荐节能产品惠民工程高效电机推广目录的通知	国家发展改革委办公厅、财政部办公厅	发改办环资［2013］2329号
174	国家发展改革委办公厅关于请组织开展推荐国家重点节能技术工作的通知	国家发展改革委办公厅	发改办环资［2013］1311号
175	国家发展改革委办公厅关于组织推荐国家重点节能技术的通知	国家发展改革委办公厅	发改办环资［2012］206号
176	国家发展改革委办公厅　财政部办公厅关于组织申报2013年节能技术改造财政奖励备选项目的通知	国家发展改革委办公厅、财政部办公厅	发改办环资［2012］1972号
177	国家发展改革委办公厅关于印发万家企业节能目标责任考核实施方案的通知	国家发展改革会办公厅	发改办环资［2012］1923号
178	关于印发《2008年电力企业节能减排情况通报》的通知	国家电监会、国家发展改革委、国家能源局、环境保护部	电监市场［2009］36号
179	国家重点节能技术推广目录(第五批)	国家发展改革委	国家发展改革委公告2012年第42号
180	国家鼓励的循环经济技术、工艺和设备名录（第一批）	国家发展改革委、环境保护部、科学技术部、工业和信息化部	公告2012年第13号
181	“万家企业节能低碳行动”企业名单及节能量目标	国家发展改革委	国家发展改革委公告2012年第10号
182	产业结构调整指导目录（2011年本）	国家发展改革委	国家发展改革委令2011年第9号
183	国家重点节能技术推广目录（第四批）	国家发展改革委	国家发展改革委公告2011年第34号

续表

序号	名称	发布单位	文号
184	《清洁发展机制项目运行管理办法》（修订）	国家发展改革委、科技部、外交部、财政部	令 2011年第11号
185	2009年各省自治区直辖市节能目标完成情况	国家发展改革委	国家发展改革委公告 2010年第8号
186	2009年千家企业节能目标责任评价考核汇总表、2009年关停并转千家企业名单	国家发展改革委	国家发展改革委公告 2010年第10号
187	节能服务公司备案名单（第一批）	国家发展改革委、财政部	公告 2010年第22号
188	全国关停小火电机组情况	国家发展改革委、国家能源局、环境保护部、国家电监会	公告 2009年第4号
189	国家重点节能技术推广目录（第二批）	国家发展改革委	国家发展改革委公告 2009年第24号
190	中华人民共和国可持续发展国家报告	国家发展改革委	—
191	中国应对气候变化的政策与行动（2011）白皮书	国务院新闻办	
192	国家发展改革委办公厅　财政部办公厅关于进一步加强合同能源管理项目监督检查工作的通知	国家发展改革委办公厅、财政部办公厅	发改办环资［2011］1755号
193	中华人民共和国气候变化第一次两年更新报告	国家发展改革委	—
194	中国应对气候变化的政策与行动2016年度报告	国家发展改革委	—
195	碳排放权交易管理办法（试行）	生态环境部	部令　第19号
196	关于印发《2019—2020年全国碳排放权交易配额总量设定与分配实施方案（发电行业）》《纳入2019—2020年全国碳排放权交易配额管理的重点排放单位名单》并做好发电行业配额预分配工作的通知	生态环境部	国环规气候［2020］3号

续表

序号	名称	发布单位	文号
197	关于统筹和加强应对气候变化与生态环境保护相关工作的指导意见	生态环境部	环综合［2021］4号
198	关于印发《生态环境部约谈办法》的通知	生态环境部	环督察［2020］42号
199	关于印发《清洁生产审核评估与验收指南》的通知	生态环境部办公厅、发展改革委办公厅	环办科技［2018］5号
200	关于加强碳捕集、利用和封存试验示范项目环境保护工作的通知	环境保护部办公厅	环办［2013］101号
201	关于进一步加强水电建设环境保护工作的通知	环境保护部办公厅	环办［2012］4号
202	关于印发2018年各省（区、市）煤电超低排放和节能改造目标任务的通知	国家能源局、生态环境部	国能发电力［2018］65号
203	国家能源局综合司关于做好光伏发电项目与国家可再生能源信息管理平台衔接有关工作的通知	国家能源局综合司	国能综新能［2016］18号
204	国家能源局综合司关于征求完善太阳能发电规模管理和实行竞争方式配置项目指导意见的函	国家能源局综合司	国能综新能［2016］14号
205	国家能源局综合司关于开展风电清洁供暖工作的通知	国家能源局综合司	国能综新能［2015］306号
206	国家能源局综合司关于开展风电开发建设情况专项监管的通知	国家能源局综合司	国能综通新能［2020］78号
207	国家能源局综合司关于做好可再生能源发展“十四五”规划编制工作有关事项的通知	国家能源局综合司	国能综通新能［2020］29号
208	国家能源局综合司关于公布2019年光伏发电项目国家补贴竞价结果的通知	国家能源局综合司	国能综通新能［2019］59号
209	国家能源局综合司关于2019年户用光伏项目信息公布和报送有关事项的通知	国家能源局综合司	国能综通新能［2019］45号
210	国家能源局综合司关于发布2018年度光伏发电市场环境监测评价结果的通知	国家能源局综合司	国能综通新能［2019］11号

续表

序号	名称	发布单位	文号
211	国家能源局综合司关于做好光伏发电相关工作的紧急通知	国家能源局综合司	国能综通新能［2018］93号
212	国家能源局综合司　国务院扶贫办综合司关于上报光伏扶贫项目计划有关事项的通知	国家能源局综合司、国务院扶贫办综合司	国能综通新能［2018］142号
213	关于印发《关于加强储能标准化工作的实施方案》的通知	国家能源局综合司、应急管理部办公厅、国家市场监督管理总局办公厅	国能综通科技［2020］3号
214	国家能源局综合司关于开展光伏发电专项监管工作的通知	国家能源局综合司	国能综通监管［2018］11号
215	国家能源局综合司关于印发《核电厂运行性能指标（试行）》的通知	国家能源局综合司	国能综通核电［2019］60号
216	国家能源局综合司关于开展电力建设工程施工现场安全专项监管工作的通知	国家能源局综合司	国能综通安全［2019］52号
217	国家能源局综合司关于印发2019年电力可靠性管理和工程质量监督工作重点的通知	国家能源局综合司	国能综通安全［2019］17号
218	国家能源局综合司关于印发《2017年能源领域行业标准化工作要点》的通知	国家能源局综合司	国能综科技［2017］216号
219	国家能源局关于下达2016年全国风电开发建设方案的通知	国家能源局	国能新能［2016］84号
220	国家能源局关于做好2016年度风电消纳工作有关要求的通知	国家能源局	国能新能［2016］74号
221	国家能源局　国务院扶贫办关于下达第一批光伏扶贫项目的通知	国家能源局、国务院扶贫办	国能新能［2016］280号
222	国家能源局关于建设太阳能热发电示范项目的通知	国家能源局	国能新能［2016］223号
223	国家能源局关于下达2016年光伏发电建设实施方案的通知	国家能源局	国能新能［2016］166号

续表

序号	名称	发布单位	文号
224	国家能源局关于在北京开展可再生能源清洁供热示范有关要求的通知	国家能源局	国能新能［2015］90号
225	国家能源局关于做好2015年度风电并网消纳有关工作的通知	国家能源局	国能新能［2015］82号
226	国家能源局关于实行可再生能源发电项目信息化管理的通知	国家能源局	国能新能［2015］358号
227	国家能源局关于调增部分地区2015年光伏电站建设规模的通知	国家能源局	国能新能［2015］356号
228	国家能源局关于组织太阳能热发电示范项目建设的通知	国家能源局	国能新能［2015］355号
229	国家能源局关于海上风电项目进展有关情况的通报	国家能源局	国能新能［2015］343号
230	国家能源局关于推进新能源微电网示范项目建设的指导意见	国家能源局	国能新能［2015］265号
231	国家能源局关于印发全国海上风电开发建设方案（2014—2016）的通知	国家能源局	国能新能［2014］530号
232	国家能源局关于印发可再生能源发电工程质量监督体系方案的通知	国家能源局	国能新能［2012］371号
233	国家能源局关于申报分布式光伏发电规模化应用示范区的通知	国家能源局	国能新能［2012］298号
234	国家能源局关于印发生物质能发展“十二五”规划的通知	国家能源局	国能新能［2012］216号
235	国家能源局关于印发太阳能发电发展“十二五”规划的通知	国家能源局	国能新能［2012］194号
236	国家能源局关于加强风电并网和消纳工作有关要求的通知	国家能源局	国能新能［2012］135号
237	国家能源局关于印发风电开发建设管理暂行办法的通知	国家能源局	国能新能［2011］285号
238	国家能源局　国家煤矿安全监察局关于做好2015年煤炭行业淘汰落后产能工作的通知	国家能源局、国家煤矿安全监察局	国能煤炭［2015］95号

续表

序号	名称	发布单位	文号
239	关于促进煤炭工业科学发展的指导意见	国家能源局	国能煤炭［2015］37号
240	国家能源局关于印发《煤炭清洁高效利用行动计划（2015—2020年）》的通知	国家能源局	国能煤炭［2015］141号
241	国家能源局关于下达2012年第二批能源领域行业标准制（修）订计划的通知	国家能源局	国能科技［2012］326号
242	国家能源局　国家核安全局关于印发与核安全相关的能源行业核电标准管理和认可实施暂行办法的通知	国家能源局、国家核安全局	国能科技［2012］226号
243	国家能源局关于印发国家能源科技“十二五”规划的通知	国家能源局	国能科技［2011］395号
244	国家能源局关于印发可再生能源发电利用统计报表制度的通知	国家能源局	国能规划［2018］61号
245	国家能源局关于印发2017年能源工作指导意见的通知	国家能源局	国能规划［2017］46号
246	国家能源局关于2019年度全国可再生能源电力发展监测评价的通报	国家能源局	国能发新能［2020］31号
247	国家能源局关于发布《2020年度风电投资监测预警结果》和《2019年度光伏发电市场环境监测评价结果》的通知	国家能源局	国能发新能［2020］24号
248	国家能源局关于2020年风电、光伏发电项目建设有关事项的通知	国家能源局	国能发新能［2020］17号
249	国家能源局关于2018年度全国可再生能源电力发展监测评价的通报	国家能源局	国能发新能［2019］53号
250	国家能源局关于2019年风电、光伏发电项目建设有关事项的通知	国家能源局	国能发新能［2019］49号
251	国家能源局关于完善风电供暖相关电力交易机制扩大风电供暖应用的通知	国家能源局	国能发新能［2019］35号
252	国家能源局关于发布2019年度风电投资监测预警结果的通知	国家能源局	国能发新能［2019］13号

续表

序号	名称	发布单位	文号
253	国家能源局关于建立清洁能源示范省（区）监测评价体系（试行）的通知	国家能源局	国能发新能［2018］9号
254	国家能源局关于2018年度风电建设管理有关要求的通知	国家能源局	国能发新能［2018］47号
255	国家能源局关于推进太阳能热发电示范项目建设有关事项的通知	国家能源局	国能发新能［2018］46号
256	国家能源局关于2017年度全国可再生能源电力发展监测评价的通报	国家能源局	国能发新能［2018］43号
257	国家能源局关于减轻可再生能源领域企业负担有关事项的通知	国家能源局	国能发新能［2018］34号
258	国家能源局关于印发《分散式风电项目开发建设暂行管理办法》的通知	国家能源局	国能发新能［2018］30号
259	国家能源局　国务院扶贫办关于印发《光伏扶贫电站管理办法》的通知	国家能源局、国务院扶贫办	国能发新能［2018］29号
260	国家能源局关于发布2018年度风电投资监测预警结果的通知	国家能源局	国能发新能［2018］23号
261	国家能源局　国务院扶贫办关于下达“十三五”第一批光伏扶贫项目计划的通知	国家能源局、国务院扶贫办	国能发新能［2017］91号
262	国家能源局关于2017年光伏发电领跑基地建设有关事项的通知	国家能源局	国能发新能［2017］88号
263	国家能源局关于建立市场环境监测评价机制引导光伏产业健康有序发展的通知	国家能源局	国能发新能［2017］79号
264	国家能源局关于加快推进分散式接入风电项目建设有关要求的通知	国家能源局	国能发新能［2017］3号
265	国家能源局关于印发《2018年能源工作指导意见的通知》	国家能源局	国能发规划［2018］22号
266	国家能源局关于下达2020年煤电行业淘汰落后产能目标任务的通知	国家能源局	国能发电力［2020］37号
267	国家能源局关于发布2023年煤电规划建设风险预警的通知	国家能源局	国能发电力［2020］12号

续表

序号	名称	发布单位	文号
268	国家能源局关于发布2022年煤电规划建设风险预警的通知	国家能源局	国能发电力［2019］31号
269	国家能源局关于发布2021年煤电规划建设风险预警的通知	国家能源局	国能发电力［2018］44号
270	国家能源局　环境保护部关于开展燃煤耦合生物质发电技改试点工作的通知	国家能源局、环境保护部	国能发电力［2017］75号
271	国家能源局关于印发2015年中央发电企业煤电节能减排升级改造目标任务的通知	国家能源局	国能电力［2015］93号
272	国家能源局关于印发配电网建设改造行动计划（2015—2020年）的通知	国家能源局	国能电力［2015］290号
273	国家能源局关于下达2015年电力行业淘汰落后产能目标任务的通知	国家能源局	国能电力［2015］119号
274	山西省人民政府办公厅关于严格执行“上大压小”有关政策的通知	山西省人民政府办公厅	晋政办电［2009］96号
275	华中华东区域节能减排发电调度专项监管报告	国家能源局	国家能源局监管公告2015年第12号（总第29号）
276	燃煤电厂二氧化碳排放统计指标体系	国家能源局	DL/T 1328—2014
277	国家能源局综合司关于发布2017年度光伏发电市场环境监测评价结果的通知	国家能源局综合司	—
278	国家能源局综合司关于公布2020年光伏发电项目国家补贴竞价结果的通知	国家能源局综合司	—
279	国家能源局关于印发《2020年能源工作指导意见》的通知	国家能源局	—
280	关于印发《可再生能源电价附加有关会计处理规定》的通知	财政部	财会［2012］24号
281	关于预拨2012年可再生能源电价附加补助资金的通知	财政部	财建［2012］1068号
282	关于印发《可再生能源发展专项资金管理暂行办法》的通知	财政部	财建［2015］87号

续表

序号	名称	发布单位	文号
283	财政部关于印发《节能减排补助资金管理暂行办法》的通知	财政部	财建［2015］161号
284	关于印发《可再生能源发展基金征收使用管理暂行办法》的通知	财政部、国家发展改革委、国家能源局	财综［2011］115号
285	关于调整完善新能源汽车推广应用财政补贴政策的通知	财政部、工业和信息化部、科技部、国家发展改革委	财建［2018］18号
286	关于印发《节能技术改造财政奖励资金管理办法》的通知	财政部、国家发展改革委	财建［2011］367号
287	关于印发《可再生能源电价附加补助资金管理暂行办法》的通知	财政部、国家发展改革委、国家能源局	财建［2012］102号
288	关于印发《合同能源管理财政奖励资金管理暂行办法》的通知	财政部、国家发展改革委	财建［2010］249号
289	关于印发《电力需求侧管理城市综合试点工作中央财政奖励资金管理暂行办法》的通知	财政部、国家发展改革委	财建［2012］367号
290	关于公布可再生能源电价附加资金补助目录（第三批）的通知	财政部、国家发展改革委、国家能源局	财建［2012］1067号
291	关于公布可再生能源电价附加资金补助目录（第一批）的通知	财政部、国家发展改革委、国家能源局	财建［2012］344号
292	关于公布可再生能源电价附加资金补助目录（第二批）的通知	财政部、国家发展改革委、国家能源局	财建［2012］808号
293	关于促进非水可再生能源发电健康发展的若干意见	财政部、国家发展改革委、物价局、国家能源局、	财建［2020］4号
294	关于印发《可再生能源电价附加补助资金管理暂行办法》的通知	财政部、国家发展改革委、国家能源局	财建［2012］102号

续表

序号	名称	发布单位	文号
295	财政部　国家税务总局　工业和信息化部关于节约能源使用新能源车船车船税优惠政策的通知	财政部、国家税务总局 、工业和信息化部	财税［2015］51号
296	关于公布环境保护节能节水项目企业所得税优惠目录（试行）的通知	财政部、国家税务总局、国家发展改革委	财税［2009］166号
297	财政部　科技部　国家能源局关于做好金太阳示范工程实施工作的通知	财政部、科技部、国家能源局	财建［2009］718号
298	关于印发节能节水和环境保护专用设备企业所得税优惠目录（2017年版）的通知	财政部、国家税务总局、国家发展改革委、工业和信息化部、环境保护部	财税［2017］71号
299	关于完善可再生能源建筑应用政策及调整资金分配管理方式的通知	财政部、住房和城乡建设部	财建［2012］604号
300	关于合同能源管理财政奖励资金需求及节能服务公司审核备案有关事项的通知	财政部办公厅、国家发展改革委办公厅	财办建［2010］60号
301	光伏制造行业规范条件（2018年本）	工业和信息化部	工信部公告2018年第2号
302	关于印发《2015年工业绿色发展专项行动实施方案》的通知	工业和信息化部	工信部节［2015］61号
303	关于印发《2015年工业节能监察重点工作计划》的通知	工业和信息化部	工信部节函［2015］89号
304	关于开展2018年度国家工业节能技术装备推荐及“能效之星”产品评价工作的通知	工业和信息化部	工信厅节函［2018］212号
305	关于印发《新能源汽车动力蓄电池回收利用管理暂行办法》的通知	工业和信息化部等	工信部联节［2018］43号
306	关于组织开展新能源汽车动力蓄电池回收利用试点工作的通知	工业和信息化部等	工信部联节函［2018］68号

续表

序号	名称	发布单位	文号
307	关于印发《配电变压器能效提升计划（2015—2017年）》的通知	工业和信息化部、国家质检总局、国家发展改革委	工信部联节［2015］269号
308	关于进一步加强中小企业节能减排工作的指导意见	工业和信息化部	工信部办［2010］173号
309	国家工业节能技术装备推荐目录（2018）	工业和信息化部	工信部公告2018年第55号
310	关于印发《工业绿色发展规划（2016—2020年）》的通知	工业和信息化部	工信部规［2016］225号
311	关于进一步加强工业节能工作的意见	工业和信息化部	工信部节［2012］339号
312	关于印发《2013年工业节能与绿色发展专项行动实施方案》的通知	工业和信息化部	工信部节［2013］95号
313	关于开展重点用能行业能效水平对标达标活动的通知	工业和信息化部	工信厅节函［2010］594号
314	工业和信息化部办公厅关于印发工业领域电力需求侧管理专项行动计划（2016—2020年）的通知	工业和信息化部办公厅	工信厅运行函［2016］560号
315	工业和信息化部　发展改革委　科技部　公安部　交通运输部　市场监管总局关于加强低速电动车管理的通知	工业和信息化部、发展改革委、科技部、公安部、交通运输部、市场监管总局	工信部联装［2018］227号
316	工业和信息化部　国家发展改革委　科技部　财政部关于印发《工业领域应对气候变化行动方案（2012—2020年）》的通知	工业和信息化部、国家发展改革委、科学技术部、财政部	工信部联节［2012］621号
317	工业和信息化部办公厅　国家开发银行关于加快推进工业节能与绿色发展的通知	工业和信息化部办公厅、国家开发银行	工信厅联节［2019］16号
318	中华人民共和国工业和信息化部　国家能源局公告（2011年全国各地淘汰落后产能目标任务全面完成情况）	工业和信息化部、国家能源局	公告2012年第62号

续表

序号	名称	发布单位	文号
319	工业和信息化部办公厅关于组织开展2020年工业节能诊断服务工作的通知	工业和信息化部办公厅	工信厅节函［2020］107号
320	关于在北京市开展工业领域电力需求侧管理试点工作的通知	工业和信息化部办公厅	工信厅运行函［2012］610号
321	国家认监委　国家发展和改革委员会关于联合发布《能源管理体系认证规则》的公告	国家认监委、国家发展和改革委员会	认监会、发展改革委公告2014年第21号
322	温室气体排放核算与报告要求　第1部分：发电企业	国家质量监督检验检疫总局、国家标准化管理委员会	GB/T 32151.1—2015
323	温室气体排放核算与报告要求　第2部分：电网企业	国家质量监督检验检疫总局、国家标准化管理委员会	GB/T 32151.2—2015
324	中央企业节能减排监督管理暂行办法	国务院国有资产监督管理委员会	国资委令第23号
325	关于印发风力发电科技发展“十二五”专项规划的通知	科技部	国科发计［2012］197号
326	关于印发太阳能发电科技发展“十二五”专项规划的通知	科技部	国科发计［2012］198号
327	科技部关于发布节能减排与低碳技术成果转化推广清单（第一批）的公告	科技部	科技部公告2014年第1号
328	科技部　工业和信息化部关于印发2014—2015年节能减排科技专项行动方案的通知	科技部、工业和信息化部	国科发计［2014］45号
329	关于印发风力发电科技发展“十二五”专项规划的通知	科技部	国科发计［2012］197号
330	关于印发太阳能发电科技发展“十二五”专项规划的通知	科技部	国科发计［2012］198号
331	关于印发智能电网重大科技产业化工程“十二五”专项规划的通知	科技部	国科发计［2012］232号

续表

序号	名称	发布单位	文号
332	科技部关于印发“十二五”国家碳捕集利用与封存科技发展专项规划的通知	科技部	国科发社［2013］142号
333	关于印发“十二五”国家应对气候变化科技发展专项规划的通知	科技部、外交部、国家发展改革委等	国科发计［2012］700号
334	中国人民银行　中国银行业　监督管理委员会关于进一步做好支持节能减排和淘汰落后产能金融服务工作的意见	中国人民银行、中国银行业、监督管理委员会	银发［2010］170号

参考文献

[1] 中国电力企业联合会.中国电力行业年度发展报告2020[M].北京：中国建材工业出版社，2020.

[2] 中国电力企业联合会.电力行业“十四五”发展规划研究[R].北京：中国电力企业联合会，2020.

[3] 王志轩，张建宇，潘荔，等.中国低碳电力发展指标体系研究[M].北京：中国环境出版集团，2020.

[4] 王志轩，张建宇，潘荔，等.碳排放权交易（发电行业）培训教材[M].北京：中国环境出版集团，2020.

[5] 中国电力企业联合会. 电力行业“十四五”发展规划研究[R]. 中国电力企业联合会，2020.

[6] 郑彬. 欧盟加速推进“欧洲绿色协议”[N]. 人民日报，2020-02-11.

[7] 王志轩，张建宇，潘荔，等.中国电力行业碳排放权交易市场进展研究[M].北京：中国电力出版社，2019.

[8] 陈春阳. 低碳发展的国际经验及对中国的启示[J].资源节约与环保，2016（8）：115-116.

[9] 陈炳硕，富贵. 韩国清洁能源发展概述[J].全球科技经济瞭望，2017，32（6）：9-13.

[10] 刘爾光，白云真. 解读美国《总统气候行动计划》的动因[J].气候变化研究进展，2014，10（4）：297-302.

[11] 朱松丽，高世宪，崔成. 美国气候变化政策演变及原因和影响分析[J].气候变化，2017，39（10）：19-24.

［12］冯帅.美国气候政策之调整：本质、影响与中国应对——以特朗普时期为中心［J］.中国科技论坛，2019（2）：179-187.

［13］柴麒敏，傅莎，等.特朗普“去气候化”政策对全球气候治理的影响［J］.中国人口·资源与环境，2017（8）：3-4.

［14］ALDY J E. Real world headwinds for Trump climate change policy［J］. Bulletin of the atomic scientists，2017，73（6）：376-381.

［15］杨强. 美国气候政治中的权力分立与制衡——以奥巴马政府“清洁电力计划”为例［J］. 国际论坛，2016，18（2）：63-67.

［16］张晶杰，等. 欧盟碳市场经验对中国碳市场建设的启示［J］. 价格理论与实践，2020（1）：32-36.

［17］张雅欣，罗荟霖，王灿. 碳中和行动的国际趋势分析［J］. 气候变化研究进展，2020（12）：1-13.

［18］IPCC. Global warming of 1.5℃［R/OL］. https://www.ipcc.ch/sr15/. 2018.［2020-10-15］.

［19］UNFCCC. Race to zero campaign［EB/OL］. https://unfccc.int/climate-action/race-to-zero-campaign. 2020.［2020-08-20］.